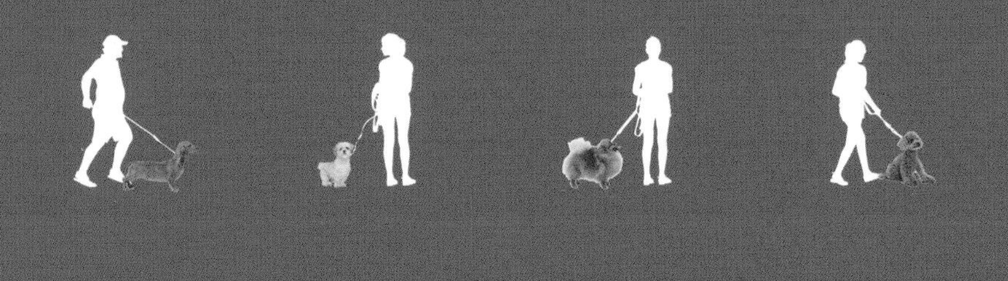

'개는 개고 사람은 사람이다.'

개를 온전히 개로 바라본다면

개가 왜 이런 행동을 하는지 이해할 수 있다.

정말 개를 사랑한다면 개를 '사람'처럼 대하지 말고,

'개'로 바라봐야 한다.

이것은 개를 위해서도, 당신을 위해서도, 수많은 반려인을 위해서도

꼭 필요한 일이다.

나의 개를 더 알고,
제대로 사랑하기 위한
개념 인문학

차례

개는
외로움을 덮는
외투가 아니다

프롤로그

"둘은 안 외로울 거 같아?
차라리 강아지를 키워봐.
강아지는 외로움을 덮는 외투야."

"인간을 위한 개가
뭐 어때서?"

"당신은 사랑하기 때문에
개를 키우는 것인가?
사랑이 필요해서
개를 키우는 것인가?"

"개를 인간과 함께 사는
불완전한 존재이자
다른 존재로 인정할 때,
인간과 개는 오래도록 공존할 수 있다."

"둘은 안 외로울 거 같아? 차라리 강아지를 키워봐. 강아지는 외로움을 덮는 외투야."

요즘 한창 사회문제가 되고 있는 결혼 기피, 저출산 문제에 대한 기사에 달린 한 댓글이었다. 한참 동안 모니터를 바라봐야 했다. 반려인의 한 사람으로 평생을 보냈고, 개를 훈련하는 훈련사의 이름으로 반평생을 보낸 나이기에 이 글을 받아들이는 입장이 남달랐다. 요즘 표현으로 치자면, '웃프다.'고 해야 할까? 왠지 모를 쓴웃음이 지어졌다.

외로움을 채워줄 대상으로 개를 생각하는 건 그 나름대로 반려견 문화가 대중화됐고, 개라는 존재가 일반인들에게 낯설지 않다는 의미일 것이다. 개를 키우는 사람으로서 분명히 기뻐해야 할 일이다. 그러나 "외로움을 덮는 외투야."라는 말이 날카로운 가시가 돼 내 가슴에 걸렸다. 개라는 생명을 인간을 위한 수단으로만 여기는 것은 아닌지 편치 않은 마음이 들었다. 어쩌면 오랜 시간 개와 함께해온 탓에서 오는 과민함일 수 있으리라. 그는 분명히 좋은 의미로 개를 권한 것일 것이다. 어찌 보면 '외로움을 덮는 외투'라는 문구 자체도 자못 문학적인 표현이다.

대한민국 사회에서 반려견(伴侶犬)이라는 말이 애완견(愛玩犬)이라는 말을 몰아내고, 인생을 함께하는 개를 의미하는 단어가 됐다. 그러나 한편으로 반려(伴侶)의 참뜻을 이해하고 반려동물을 키우고 있는지 묻고 싶은 상황을 쉽게 발견하곤 한다. 우리는 우리의 개에게 짝이 되는 벗이며, 동반자이며, 반려자인가? 이 질문에 자신 있게 대답할 수 있는 사람은 몇 안 될 것이다. 우리 사회에서 볼 수 있는 반려견 문화는 반려의 의미보다 여전히 애완의 의미에 더 가까운 모습이 아닌가 생각이 든다.

누군가 "인간을 위한 개가 뭐 어때서?"라고 질문할 수 있다. 전혀 틀린 말은 아니다. 결국 인간의 행복감을 위해 개를 키우고 있는 것이 아닌가? 그러나 개가 개로서 온전히 행복감을 느끼지 못한다면, 사람이 만들어낸 환경에 적응하지 못한다면 개는 불행해질 테고, 그 개와 함께 살아야 하는 사람도 힘들어진다. 여기에서 '애완'이라는 의미에 한계가 생긴다. '인간을 위한 개'로서 역할을 하지 못할 때면, 사랑이 식어버릴 때면 언제든 버려도 된다는 논리가 가능하다. 성급하고 극단적이라고 말할 수도 있겠지만, 우리 주변에 일어나는 유기견 문제는 모두 여기서 시작한다. 개를 인간과 함께 사는 불완전한 존재로 이해하고, 개를 인간과 구분되는 존재로 제대로 이해했을 때, 오래도록 함께 공존할 수 있는 것이다. '외로움을 덮는 외투'란 말이 내게 가시가 되어 박힌 이유는 거기에서 찾을 수 있을 것 같다.

유망산업이 된 '애견 사업'

언제부터인가 반려견 관련 직종이 '유망 직종'이라는 이름으로 언론지상에 오르내린다(반려견 미용사를 중심으로 많은 반려견 종사자들의 이름이 오르내린다). 이를 증명하듯 중소기업뿐 아니라 대기업까지도 '애견 사업'에 뛰어드는 모습을 확인할 수 있다. 실제로 내게도 몇몇 회사들이 연락을 해오고, 몇 가지 일은 같이한 적도 있다. 주변에서는 '개의 시대'가 찾아왔다며, 일찍부터 훈련사의 삶을 시작한 내게 선견지명이라도 있는 듯이 말을 하지만, 내가 마냥 좋아만 할 일은 아닌 것 같다. 이런 말을 들을 때마다 '사업'을 생각하고 훈련사를 한 게 아니라고 설명을 꼭 덧붙이곤 한다. 지금의 '애견 산업'은 '애정 대체 사업'쯤으로 가는 느낌이다.

"사랑이 있는 곳에 삶도 있는 법이다(Where there is love there is life)."

간디의 말처럼 인간은 사랑 없이 살 수 없는 존재다. 이 사랑을 단순하게 남녀 간의 사랑으로만 한정 지을 필요는 없다. 가족 간의 사랑일 수도, 친구 간의 우정일 수도 있다. 이런 체온이 느껴지는 사랑이 아니더라도 사람은 사랑을 찾는다. 바로 '인정 욕구'다. 일상적인 사회생활을 할 때 사람을 가장 들뜨게 하는 건 돈보다는 주변에서의 인정이다. 당신의 능력을 칭찬하고, 실력을 치켜세워준다면 어떨까? 당신이 없으면 이 회사와 사회, 가정은 굴러가지 않는다는 주변의 인정과 칭찬은 분명 당신의 어깨를 들썩이게 만들 것이다. 칭찬은 고래도 춤추게 만든다고 하지 않던가.

인터넷은 또 어떨까? 요즘 시쳇말로 '관심종자'란 말이 있다. 인터넷 게시판에서 주목을 끌기 위해 황당한 글을 남기는 이들을 종종 목격할 수 있는데, 이들이 원하는 건 '관심'이다. 자기를 주목해달라는 것이다. 인간은 사랑이, 아니 엄밀히 사랑과 관심이 없으면 살아갈 수 없는 존재다. 인터넷에서 상식 이하의 글을 쓰는 네티즌을 보면서 이해를 못하겠다고 말하는 지인들을 보며, 이렇게 말한 적이 있다.

"둘째가 태어난 집의 첫째 아이를 생각해봐. 엄마의 관심을 끌려고 사고를 치는 경우를 종종 볼 수 있잖아. 사람이란 나이를 들어도 다 똑같은 거야."

그렇다. 사람은 죽을 때까지 사랑과 관심에 목말라 있는 존재다. 이를 극복할 수 있는 사람은 수행을 통해 진정한 도(道)를 깨우친 고승(高僧)이나 성인들이나 가능한 일이다. 그렇다고 절망하지 말자. 인간이란 기계를 움직이는 연료는 '사랑'이라는 사실을 우리는 이미 알고 있다. 문제는 현대 사회가 되면서부터 개개인이 점점 더 파편화, 분절화될 수밖에 없는 상황에 몰리게 됐다는 것이다. 핵가족화란 말이 교과서에 실린 게 엊그제 같은데, 이제 한국 사회는 '1인 가구', '나홀로족'이라는 말이 일상이 됐다.

최근 통계청이 발표한 자료 〈장래가구추계: 2015~2045년〉(2017)에는 우리나라 인구수가 2031년 기준으로 정점을 찍지만, 총 가구 수는 2043년이 되면 2015년의 약 1.4배인 2,234만 1,000가구로 증가할 것이라는 전망이 담겨 있다(2043년을 정점으로 감소). 이 전망이 의미하는 바는 간단하다. 지금까지 표준이 됐던 4인 가구는 감소하는 반면에, 1, 2인 가구가 늘어난다는 것이다. 4인 가구는 2015년 18.8퍼센트를 차지하다가 꾸준히 감소해 2045년이 되면 7.4퍼센트까지 지금의 절반 이하로 줄어든다. 반면에 1, 2인 가구 비율은 2015년 53.3퍼센트에서 2045년 71.2퍼센트에 이를 것으로 전망된다. 1, 2인 가구의 증가는 필연적으로 반려동물의 증가로 이어지게 된다. 반려동물 산업이 뜨고 있는 이유가 바로 여기에 있다.

'혼밥족'이란 말이 있다. 이 말을 처음 들었을 때 무슨 말인지 한참을 생각했던 기억이 난다. '혼자 밥 먹기'의 줄임말이 '혼밥'이다. 2014년 1월 통계에 의하면, 2, 30대가 1인 가구 전체의 약 25퍼센트를 차지하는 것으로 나타났다. 이들 중 20대의 약 34퍼센트, 30대의 23퍼센트가 주 5회 이상 혼자 밥을 먹는다고 한다. 1인 가구가 증가하면서 새롭게 등장한 것이 이른바 '먹방'이다. 혼밥족이 늘면서 레시피 정보를 얻을 수 있다는 기대심리도 있었겠지만, 무엇보다 혼자 먹는 외로움을 덜 수 있기에 대중의 호응을 끌어낸 것이 아닌가 짐작해본다. '먹방'이 관통하는 메시지는 '사람의 온기'인 셈이다.

공교롭게도 '먹방'이 유행하던 시기에 '애견 사업'도 '애견 산업'으로 변신하게 됐다. 여기저기서 애견 산업이 커지는 소리가 들리기 시작했다. 대기업들이 진입하기 시작했고, 반려견 관련 사업체들이 우후죽순 격으로 늘어나고 있었다(심지어 대학에서도 관련학과들이 늘어나고 있다). 사회 구성이 변화하면서 애견 산업은 이제 '애정 대체 사업'으로 변모해가기 시작한 것이다.

과거에는 즉흥적으로 개를 키우기 시작한 경우를 제외하고는 처음부터 개에 대한, 혹은 반려동물에 대한 애정을 어느 정도 가지고 있는 상황에서 개를 키웠다면, 이제는 '외로움을 극복하고자 하는 본능적 욕구'에서 개를 키우는 상황이 도래했다. 강조컨대 사람은 '사랑'이 없으면 살아갈 수 없는 존재다. 그러나 사회구조는 점점 사람들이 분절화된 삶을 살아가는 환경으로 바뀌고 있다. 사회, 경제적인 문제로 연애, 결혼을 포기하는 이들이 늘어난 것도 비슷한 맥락에서 이해가 가능하다.

생존을 위해 연애와 결혼을 포기했지만, 이들에게는 여전히 나눌 '사랑'과 받을 '사랑'이 필요하다. 사람은 누구나 사랑을 주고받고 싶어 한다. 이때 사람들의 눈에 들어온 것이 '개'다. 우리가 갈구하는 '사랑'을 받아주거나 베풀어줄 '사람'이 없는 상황에서 그 대체재로 개를 선택한 것이다. 이전까지는 처음부터 '개'에 대한 관심으로 시작한 반려인들이 한국 반려견 문화의 주축을 이뤘다면, 사회구조가 바뀌면서부터는 '사랑'의 부족을 채우기 위해 '개'를 찾는 이들이 큰 부분을 차지하게 된 셈이다.

눈을 떠보니 반려견 400만 마리, 반려인 1,000만 시대가 찾아왔다. 불과 10여 년 사이에 일어난 일이다. 그 전후 사정이 어쨌든 반려인의 한 사람으로서, 개를 좋아하고 가까이 하는 사람들이 늘어나는 건 행복하고 고마운 일이다. 내가 좋아하는 걸 다른 사람들도 좋아한다는 건 기쁜 일이다. 그러나 이 대목에서 질문을 하나 던지고 싶다.

"당신은 사랑하기 때문에 개를 키우는가? 사랑이 필요해서 개를 키우는가?"

강신주 박사가 쓴 《감정수업》이라는 책을 보면 '사랑'이란 감정을 이렇게 표현한다.

> "자발적인 노예 상태에 빠지는 것, 이것이 바로 사랑이다."

그는 스피노자의 《에티카》에 나오는 사랑의 정의를 언급한다.

> "사랑(amor)이란 외부의 원인에 대한 생각을 수반하는 기쁨이다."

즉, 기쁨이라는 감정과 사랑이라는 감정을 구분하는 가장 중요한 척도는 '사랑에 외부 원인이 있는지' 여부인 것이다. 결국 사랑이라는 감정은 특정한 외부 대상을 전제로 하는 기쁨이란 것이 강신주의 해석이다. 한결같이 개만 키운 나로서는 철학박사의 '사랑'에 대한 정의가 어렵게만 느껴지지만, 그래도 눈여겨볼 대목이 많다. 내가 개를 바라보는 마음, 개가 내게 주는 기쁨을 생각한다면 더없이 적확한 표현이라고 볼 수 있겠다.

그렇다면 내가 생각하는 '사랑'이란 무엇일까? 트로트 가수 박상철의 '무조건'이 내가 생각하는 사랑의 정의다. 나는 이보다 더 완벽한 '사랑'의 정의는 없다고 생각한다. 사랑을 정의한 수많은 잠언들과 철학적 사유, 분석, 정의 들을 다 읽어봤지만, 그 핵심은 너무도 단순했다.

"그럼에도 불구하고…"

아침에 방영되는 TV 드라마들을 보면, 재벌 2세와 가난한 여주인공의 사랑과 배신을 흔히 볼 수 있다. 처음 사랑을 시작할 무렵 재벌 2세는 가난한 여주인공의 조건을 보지 않고, 맹목적으로 구애한다. 사랑은 그런 것이다. 주변 환경, 상황은 모두 무시된다. 오로지 그 사람 혹은 대상만 눈에 들어오는 것이다. 예를 들어보자. 두 달 뒤에 결혼할 사람이 있다고 치자. 이 사람은 장래가 촉망받는 축구선수이고, 이미 해외 명문구단으로부터 이적 제의를 받은 상태다. 그런데 불의의 교통사고를 당해 두 다리가 마비됐다고 치자. 이때 예비 신부는 어떤 반응을 보일까?

예비 신부였던 연인은 심각하게 고민을 할 것이다. 이제껏 그 사람을 사랑했다고 확신했는데, 알고 보니 그 사랑은 '조건이 포함된 사랑'이란 걸 확인하게 될 것이다. 인간이라면 당연히 가지고 있을 이기심과 사랑 사이에서 고민하게 될 것이다. 중요한 것은 사랑이란 '그럼에도 불구하고'란 말이 앞에 붙는다는 것이다.

"그럼에도 불구하고, 그를 사랑해."

달리 표현하자면, '무조건'이다. 사랑에는 조건이 붙지 말아야 한다. 그게 진짜 사랑이다. 내 인생에도 그런 '사랑'이 있었다. 첫 기억을 더듬어 올라가면, 네 발 달린 강아지가 떠오른다. 시골에서 자란 내게 강아지는 '말을 하는 친구들'보다 더 소중한 존재였다. 고향 친구들에게는 미안하지만 왜 그랬는지는 나도 잘 모르겠다. 내 이름이 알려지면서 기자들이나 사람들이 나와 개 사이에 어떤 거창한 이유나 사건이 있을 것이라고 생각하는데, 실은 별 게 없다. '그냥'이었다.

그냥 좋았다. 초등학교가 '국민학교'라 불리던 그 시절 등교 전에 개밥을 챙기고, 내 손등을 핥는 그 순간이 좋았고, 방과 후

산으로 들로 같이 뛰어다니던 그 시간이 행복했다. 어쩌다 복날이 되면, 새벽같이 일어나 집에 있는 개를 끌고 산으로 갔다. 나는 어른들이 찾을 수 없는 으슥한 골짜기에 개를 묶어놓고는 개에게 신신당부를 했다.

"내가 올 때까지 절대 들키지 말고, 짖지 마. 알았지?"

그날은 하루 종일 수업을 듣는 둥 마는 둥 노심초사했고, 이런 날에는 특히 더 수업종이 울리자마자 개를 묶어놓은 산으로 달음박질을 쳤다. 그 시절이었을 것이다. 나는 태어나 처음으로 '슬픔'이라는 감정을, 아니 '상실감'이란 걸 느꼈다. 바로 내 검둥이와의 기억이다. 지금도 기억 속에서 '슬픔'이란 카테고리로 검색을 하면, 이 녀석과의 기억이 맨 처음으로 등록돼 있다.

검둥이는 시쳇말로 '똥개'였다. 온갖 DNA가 뒤섞인 잡종견으로 시골 동네에서 흔히 볼 수 있는 평범한 시골 개였다. 당시 시골 개들의 사망 원인(?) 중 1, 2위를 다투던 것이 '복날'과 '쥐 잡는 날'이었다. 복날은 굳이 설명하지 않아도 알 것이고, 문제는 쥐 잡는 날이었다. 당시 쥐는 국가 차원에서 박멸해야 할 '유해동물 1호'였다. 사람 먹을 것도 부족한 시절이었기에 쥐가 파먹는 식량도 아까웠으니 어쩔 수 없는 노릇이다. 그 때문에 정기적으로 쥐약을 놓고, 쥐를 잡았다. 이날이 되면 마을 방송으로 쥐약을 놓으니 집에 있는 개들과 아이들을 잘 관리하라는 이장님의 걸걸한 목소리가 울려 퍼졌다. 쥐약을 개들이 먹는 경우가 많았기 때문이다.

내가 애지중지하던 검둥이도 그렇게 쥐약을 먹고 죽었다. 검둥이에 대한 사랑이 애틋했던 것도 있지만, 내가 더 슬펐던 건 검둥이 혼자 죽은 게 아니었기 때문이다. 검둥이는 암컷이었다. 그 새끼들도 쥐약을 먹은 검둥이의 젖을 먹고 다 같이 죽었다. 가수 신해철이 '날아라 병아리'에서 읊었던 설명할 수 없던 그 '슬픔'을 나 역시 비슷한 시절에 알게 된 것이다.

"왜 개를 좋아하게 됐나요?"

기자들은 무언가 드라마틱한 스토리를 원하지만, 내게는 그런 드라마틱한 스토리가 없다. 그냥 좋았고, 좋아하다 보니 개와 더 가까이 갈 수 있는 방법을 찾았고, 그게 개 훈련사로서의 삶으로 귀결됐다. 이 마음을 굳이 한 단어로 표현하자면, '사랑'

이다. 그냥 좋았고, 무조건 좋았다. 앞으로의 내 인생이 개와 함께하기를 소원했다. 그렇게 40년 넘게 살아오다 보니 어느새 나는 반려견 훈련사 이웅종이 돼 있었다. 사랑은 '무조건'이다. 나는 개에 대해서 섣불리 '단언'이나 '확신'이란 표현을 쓰지 않는다. 이 책을 읽다 보면 그 이유를 자연스럽게 느낄 수 있을 것이다. 그러나 딱 한 가지만큼은 단언할 수 있는 게 있다.

"개의 사람에 대한 사랑은 무조건입니다."

인간이 느끼는 스트레스의 대부분은 인관관계에서 온다. 실제로 모든 스트레스의 95퍼센트는 인간관계에서 온다는 통계도 있다. 사람이 사람과의 관계에서 스트레스를 받는 것 중 상당 부분이 바로 '기대감' 때문이다. 내가 이렇게 해주면 남들도 이렇게 해주겠지라는 기대감이다. 이른바 '본전 생각'이다. 분명히 말하겠지만, 이 '기대감'만 없애도 당신의 인생은 고통에서 탈출할 수 있을지 모른다. 그러나 개는 다르다. 개는 인간이 평생 동안 가지는 모든 '사랑' 중에서 사랑의 의미에 가장 근접한(어쩌면 완벽한) 예다. 개에게 1이란 사랑을 주면, 개는 사랑을 준 사람에게 10 이상의 사랑으로 되돌려준다. 개는 인간과 같은 계산도 이기심도, 본전 생각도 없다. 나를 사랑해주면 조건 없이 무조건적인 사랑을 되돌려준다. 어쩌면 단순함, 어찌 보면 충직함 그 자체다. 내 표현이 어떻든 간에 개는 우리에게 '진짜 사랑'을 보여주는 희귀한 존재다. 지금 개를 키우는, 혹은 키우려고 생각하는 사람들에게 다시 묻고 싶다.

"당신은 사랑하기 때문에 개를 키우는 것인가? 사랑이 필요해서 개를 키우는 것인가?"

대답을 하지 못해도 좋다. 개와 함께한 시간을 다만 얼마라도 가졌다면, 개의 사랑을 느껴봤을 것이다. 질문을 바꿔보겠다.

"당신은 당신의 개를 올바르게 사랑하고 있는가?"

사랑은
유행 따라
움직이지 않는다

01

1988년 대한민국 수도 서울에서

올림픽이 열렸다.

된서리를 맞은 곳이 보신탕집이었다.

정부의 일제 단속과 함께

반려견 단체들을 중심으로

반려견 문화를 홍보하는

'이벤트'가 이어졌다

2002년 월드컵을 전후로 해서는
빅뱅이 터졌다.
공중파 3사에서 하나둘
'동물' 관련 프로그램을 내놓게 됐다.

2008년 베이징 올림픽을 전후로 해서
중국의 '반려견 사업'이 폭발하게 된다.
중국에서 주문(?)이 밀려들어왔다.
"개면 다 보내!"라는 말이
튀어나올 정도였다.

지금 반려견 문화는 고속 성장,
압축 성장의 부작용에 신음하고 있다.
반려견 400만, 반려견 인구 1,000만의
신화는 중대한 기로에 놓여 있다.
이제는 양적 성장 대신
질적 성장을 고민해봐야 한다.

군 생활을 하던 시절 운 좋게도 군견을 보살피게 됐다. 내게는 '운명적'인 경험이었다. 내 선임은 개를 그리 좋아하지 않았던 터라, 선임이 해야 할 일들, 이를테면 개를 씻기거나 먹이를 주는 것, 운동이나 훈련까지 도맡아서 하게 됐다. 원체 개를 좋아하는 성격이라 내게는 일이나 사역이 아니라 '놀이'로 느껴졌지만, 군대 동료들 눈에는 성격 좋고, 궂은 일도 마다 않는 모범사병쯤으로 보였을 것이다.

1990년대 초 제대를 앞두고 미래에 대한 걱정을 할 무렵이었다. 솔직히 말하자면, 걱정은 없었다. 개 관련 일을 해야겠다는 막연한 기대로 말년 휴가 때 무작정 우체국으로 향했다. 당시에는 인터넷이 없었기에 전국적인 정보를 얻기 위한 가장 빠른 방법은 전화번호부에 있는 상호명 연락처를 확인하는 것이었다. 미친 듯이 '개 관련' 업체들을 찾았다. 그런데 실은 '미친 듯이' 찾을 필요도 없었다. 당시 전국에 개 훈련소를 포함한 개 관련 업체는 최소한 전화번호부상 기껏 아홉 군데밖에 없었다. 그중 한 곳을 무작정 찾아갔다. 마침 훈련사 자리가 하나 비어 있었던 터라, 예비군 마크를 달자마자 그곳으로 출근할 수 있었다. 나의 25년 반려견 훈련사 인생의 시작이자, 지금의 나를 있게 해준 이삭훈련소와의 인연이다. 어떤 이는 철지난 추억이라고 폄하할 수도 있겠는데, 이 이야기를 꺼낸 것은 지금 대한민국의 반려견 문화가 어디로 가야할지 가늠해봐야 할 시점이라는 나름의 생각 때문이다.

1990년대 초반만 하더라도 애견 훈련소에 들어온 개의 대부분은 진돗개였다. 실제로 전체 훈련개의 90퍼센트 정도를 진돗개가 차지했다. 지금도 마찬가지만, 진돗개는 훈련시키기가 매우 까다롭다. 견종 자체의 우수성만 보면 세계에 자랑할 만한 우리나라의 국견(國犬)이지만, 거기까지 가기가 매우 까다롭다. 주인에 대한 과도한(?) 충성심과 지나친 사냥 본능은 진돗개의 명성을 알리는 주요한 특질이기도 하지만, 거꾸로 훈련을 방해

하는 양날의 요검이기도 하다. 진돗개는 훈련시키는 훈련사의 말을 잘 듣지 않는다. 게다가 체구도 크고, 결정적으로 사납다. 초보 훈련사들에게는 두려움을 심어줄 정도로 매서운 견종이 또한 진돗개다.

1990년대 중반까지만 하더라도 반려견 훈련에 대한 제대로 된 매뉴얼이 없었다. 속된 말로 주먹구구식으로 개를 훈련시켰다. 하지만 이러다 보니 '폭력'이 행사되는 경우가 왕왕 있었다. 당시 나로서는 이해가 가지 않는 광경이었다. 진돗개가 사납긴 하지만, 그래도 '개'가 아닌가? 어린 시절 들로 산으로 같이 뛰어다니던 검둥이가 생각이 났고, 군대 시절 나와 함께 침식을 같이했던 군견들이 떠올랐다. 인내가 부족하면 좀 더 기다리고, 노력이 부족하다면 좀 더 채워 넣으면 된다. 공부가 부족하면 공부를 하면 된다. 이 시절 외국 서적들을 찾아 헤매던 기억이 지금도 선명하다. 훈련사들끼리 훈련 기술을 숨기고 알려주지 않던 게 상식인 시절이기도 했다. 이런 분위기에서 폭력적인 방법이 개를 교화시키는 효과적인 방법으로 받아들여졌다. 그러나 단순히 무지몽매했다고 퉁 치기에는 너무 심한 관행이었다. 간디는 이런 말을 남겼다.

"한 나라의 국민들이 동물을 다루는 방식을 보면, 그 나라의 수준과 도덕적 성장 상태를 가늠해볼 수 있다."

1990년대 초중반의 대한민국 상황을 회상해보자. 권위주의 정부가 무너지고, 이제 갓 절차적 민주주의를 완성했던 시기였다. 인권에 대한 개념조차 막 싹을 틔우던 시절이었다. 이제 겨우 사람들이 민주주의를 실감하던 시절에 개에 대해서까지 생각을 나눠줄 여력이 있었을까, 이해가 안 되는 것도 아니다. 그러나 분명한 건 개에 대한 애정과 관심은 사람에 대한 애정과 관심보다 반 박자 내지 한 박자 뒤쳐졌다는 것이다. 맞는 말이다. 우선은 사람이 우선이지 않은가?

이 이야기를 하는 이유는 앞에서 말했다시피 우리의 반려견 문화가 지금 중대한 기로에 놓여 있기 때문이다. 2017년 지금 대한민국은 그동안의 고속 성장, 압축 성장의 부작용에 신음하고 있다. 반려견 문화 역시 마찬가지다. 이제 반려견 종사자들 사이에서도 양적 성장 대신 질적 성장을 고민해봐야 한다는 이야기가 오가고 있는 마당이다.

1988년, 2002년, 2008년

1988년 대한민국 수도 서울에서 올림픽이 열렸다. 당시 사람들은 이렇게 말하곤 했다.

"손님들 오셨는데, 지저분한 건 치워두고, 물 뿌리고 멍석 깔아야지! 일단 손님들 앞에서 추한 모습은 보이면 안 되지!"

독재 타도와 민주주의를 외치던 대학생들도 올림픽 기간 동안만큼은 시위를 하지 않겠다는 선언을 하던 웃픈(?) 시절이었다. 이 시절 된서리를 맞은 곳이 바로 보신탕집이었다. 정부의 일제 단속과 함께 반려견 단체들을 중심으로 반려견 문화를 홍보하는 '이벤트'가 이어졌다. 당시까지만 하더라도 대한민국은 '개를 먹는 나라'라는 이미지가 외국에 퍼져 있었기에 이를 희석시키고, 이미지 쇄신을 위해서 한국도 개를 사랑하는 반려견 문화가 있다는 것을 해외에 홍보해야 했던 분위기였다. 반려인의 한 사람으로서 1988년은 대한민국 반려견 문화에 지대한 영향을 끼친 한 해라고 생각한다. 과연 효과가 얼마나 컸을지 의문이기는 하지만 외국에 한국의 반려견 문화를 선보였다는 의미에 더해, 더 중요한 건 바로 한국인 스스로의 인식 변화였다.

이때부터 사람들은 개를 대할 때, 이율배반적인 인식이 생겨났다.

> "1988년을 기점으로 우리의 반려견 문화는 극적인 변화를 겪었다. 그것은 바로 '먹는 개'와 '먹지 않는 개'를 구별하는 인식이 생겨난 것이다."

"먹는 개, 먹지 않는 개."

조금 더 나아가면, 개는 '먹는 게 아니다.'란 인식을 심어줬다는 것에 의의를 둘 수 있을 것 같다. 진정한 반려견 문화의 시작인 셈이다. 그러던 것이 2002년 월드컵을 전후로 해서는 빅뱅이 터졌다. 이때를 전후로 사람들의 반려견에 대한 관심이 폭발했고, 한국의 반려견 시장은 폭발적으로 늘어나게 됐다. 그걸 체감할 수 있었던 게 '방송'이었다. 월드컵을 전후로 공중파 3사에서 하나 둘 '동물' 관련 프로그램을 내놓게 됐다(그중 한 방송에 출연하면서 내 얼굴도 알리게 됐다). 방송은 그 시대의 척도이다. 어떤 방송이 나오느냐는 건, 곧 그 시대 사람들이 어디에 관심을 가졌는지를 확인할 수 있는 바로미터다. 그런 의미에서 보자면, 2002년 전후로 사람들의 '개'와 반려동물에 대한 관심이 집중되었다고 볼 수 있겠다. 당시 반려인들 사이에서 2002년의 빅뱅 원인에 대해서 의견이 오간 적이 있었는데, 대략 이런 내용이다.

첫째, 경제적 호황

IMF 외환위기를 어느 정도 극복하고, 경제가 회복 단계로 돌아서면서 사람들의 관심이 취미나 여가활동으로 돌아서던 시점이었다. 때마침 주 5일 근무도 이후에 자리 잡기 시작했고, 사람들은 '돈'보다 '삶의 여유'에 가치를 두기 시작했다.

둘째, 1인 가구의 확대

이 시기를 전후로 해서 1인 가구가 점점 더 늘어나기 시작했다. 앞에서도 말했지만, 사람은 사랑을 찾을 수밖에 없다. 애정을 쏟을 대상이 없다고 해서 사랑에 대한 욕구가 사라지는 건 아니다. 그 결과 '대체재'를 찾기 시작한 것이다.

셋째, 인터넷의 활성화

정보를 얻기 위해 우체국을 찾는 번거로움이 사라졌다. 클릭 몇 번이면, 알고 싶은 모든 정보를 몇 초 만에 확인할 수 있는 시대가 됐다. 이제 사람들은 개에 대한 정보를 손쉽게 확인할 수 있게 됐고, 마음 맞는 이들끼리 커뮤니티를 구성해 자신의 취미를 함께할 수 있게 됐다. 이런 커뮤니티의 등장으로 진입 장벽은 극적으로 낮아지게 됐다.

지금 반려인들이 자랑스럽게 말하는 반려견 400만, 반려견 인구 1,000만은 2002년을 기점으로 시작된 것이다. 더욱이 2008년은 우리의 인식에 또 다른 변화를 불러일으켰다. 2008년에는 어떤 일이 있었을까? 바로 베이징 올림픽이다. 우리가 그랬던 것처럼 중국도 개를 먹는 민족이다. 이미지 재고를 위해 안간힘을 쓰던 시기이기도 했지만, 정작 큰 '파도'는 다른 곳에서 불어 닥쳤다. 우리가 2002년에 겪었던 일들이 '스케일 업'해서 재현됐다.

언제부터인가 산업계에서는 중국을 두고 '자원의 블랙홀'이란 표현을 사용하고 있다. 석유를 비롯해 경제 발전에 필요한 모든 자원들을 빨아들인다는 것이다. 한때 중국인들이 우유에 맛을 들이자 전 세계적으로 우유 파동이 일어난 걸 보면 이해가 쉽겠다. 이는 애견 사업에도 해당되는데, 2008년 베이징 올림픽을 전후로 해서 중국의 애견 사업이 폭발하게 된다. 당시 한국에서 반려견 분양을 하던 이들의 전화가 불이 났다.

"혹시 스탠다드 푸들 있나요? 올드 잉글리시 쉽독은요?"

"보더콜리 있는 대로 다 보내봐요!"

"골든 리트리버는 몇 마리나 있나요?"

중간업자를 통해서 중국에서 주문(?)이 밀려들어왔다. 이른바 '번식장'을 비롯해(번식장에 대해서는 뒷부분에서 다시 설명하겠다) 반려견 분양업자들에게 연락이 차고 넘쳤다. 당시 상황을 단적으로 보여주는 것이, 중간업자를 비롯해 중국에서의 요청에는 단서조항이 붙지 않았다는 것이다. 보통 분양을 하기 위해서는 최소한 개의 외모를 보는 것이 절차였지만 중국에서는 특별히 사진을 요구하지 않았다. 그들이 확인한 건 품종과 수량뿐이었다. "개면 다 보내!"라는 말이 튀어나올 정도였다. '개의 블랙홀'을 연상하면 좋을 상황이었다. 중국 인구 중 0.1퍼센트만 개를 찾아도 1,300만 마리의 개가 필요했다. 이러다 보니 '개면 다 보내.'라는 웃기지 않은 우스갯소리가 나오게 된 것이다.

쓰나미 같은 중국의 '개사냥' 덕분에 덩달아 국내 분양가도 천정부지로 올라갔다. 그때 문득 이런 생각이 떠올랐다.

'조만간 중국도 한국과 같은 문제를 겪겠구나.'

간디의 말처럼 한 나라의 국민들이 동물을 다루는 방식이 그 나라의 수준을 보여준다. 지금 한국의 경우에는 동물보호법이 제정돼 시행되고 있다. 제1조를 보면, 우리나라의 반려동물에 대한 수준을 확인할 수 있다.

"이 법은 동물에 대한 학대행위의 방지 등 동물을 적정하게 보호·관리하기 위하여 필요한 사항을 규정함으로써 동물의 생명보호, 안전 보장 및 복지 증진을 꾀하고, 동물의 생명 존중 등 국민의 정서를 함양하는 데에 이바지함을 목적으로 한다."

20여 년 전만 해도 반려동물을 포함한 모든 동물을 상대로 '복지 증진'과 '생명 존중'이라는 표현은 없었다. 그러나 지금은 명목상으로나마 법을 제정했고, 국민들의 인식도 많이 변화했다. 개는 먹는 게 아니라는 인식을 넘어서서 동물을 학대하는 사람은 사이코 패스로 인식해 비난하는 상황이다. 격세지감이라고 해야 할까?

그러나 이는 겨우 첫발을 뗀 것과 같다. 1988년에 비한다면야

"우리 앞에 놓인
반려견 400만, 반려견 인구
1,000만의 신화는
기적이 아니라 할부로 산
가전제품일지도 모른다.
당장은 비용이
없는 것처럼 보이지만
앞으로 이자까지 쳐서
갚아나가야 한다."

장족의 발전이지만, 지금 대한민국의 반려견 문화는 정상이라고 위안 삼기에는 어렵다. 그 기준을 어디에 둬야 하는가에 대해서는 이론(異論)이 있겠지만, 적어도 우리가 만든 '동물보호법'이라는 기준으로 보자면 미흡하단 걸 인정해야 한다.

01

젊은 시절에는 한국의 반려견 문화나 반려동물에 대한 사회 인식, 훈련 방식이 모두 불합리하게 보였다. 하루하루 분노하고 고통스러웠던 때도 있었다. 그러나 1~2년은 길었지만, 15년, 20년을 길게 돌아보니 순간이었다. 그리고 그때는 보이지 않던 것들이 보였다. 점진적이었지만, 분명 발전했고, 진보했다. 그러나 급속한 양적 성장은 필연적으로 다양한 '문제'를 내포할 수밖에 없다. 그리고 그 문제가 하나둘 드러나기 시작했다. 다른 분야도 마찬가지겠지만 이는 당연한 수순이다. 반려인들이 자신의 개를 사랑한다고 말하지만, 실제로 개를 대하는 모습이나, 개를 키우지 않는 일반인들을 바라보는 입장, 그 반대로 개를 키우지 않는 이들이 개를 키우는 이들을 바라보는 입장과 같이 아주 단편적인 모습에서조차 우리는 많은 '벽'을 보게 된다.

뒤에 말하겠지만, 단시간 안에 400만 마리나 되는 반려견이 이 땅에 등장할 수 있는 이유에 대해 한번 생각해보라. 정상적인 환경에서라면, 도저히 불가능한 수치다. 아무리 수입량이 많았다고 가정하더라도 말이다. 우리 앞에 놓여 있는 반려견 400만, 반려인 1,000만의 신화는 기적이 아니라 할부로 산 가전제품일지도 모른다. 아니, 할부로 산 선물이 맞다. 반려견 선진국들은 이미 수많은 시행착오를 거치면서 현금을 내고 산 물건을 우리는 카드로 긁은 것이다. 당장은 돈이 들어가지 않는 것처럼 보이지만, 분명히 돈을 낸다. 게다가 지출할 비용은 이자까지 포함해서 앞으로 더 많을 것이다.

가족도 유행을 탈 수 있을까

과거에는 일본에 가서 3~5년 전 일본 신문을 꼼꼼히 살펴본 다음 사업 아이템을 구상하면 성공한다는 말이 돌았다.

비슷한 지역권, 비슷한 사회구조와 산업형태 덕분에 일본과 한국은 비슷한 행보를 이어나간다는 것이다. 그런데 이 말은 애견산업에서만큼은 여전히 통용된다. 일본에서 몇 년 전 유행했던 개들이 한국에서 버젓이 인기를 끌고 있는 것을 보면 더 그런 생각이 든다. 혹자들은 이렇게 말한다.

"일본 방송의 영향이 크다."

간혹 일본 문화의 영향이라고 말을 하지만, 이보다 더 구조적인 문제를 생각해봐야 한다. 고령화, 1인 가구의 팽창 등에서 볼 수 있는, 너무도 비슷한 사회구조가 바로 그것이다. 상대적으로 작은 영토에 많은 인구가 밀집돼 있고, 연공서열을 중시하는 문화에, 재빨리 진행된 서구화, 수출주도형 산업 등등 일본과 한국은 비슷한 부분이 너무도 많다. 이는 다시 말해 일본이 겪은 문제라면, 한국도 경험할 가능성이 높다고 말할 수 있다.

영화 '마스크'로 유명해진 '잭 러셀 테리어'란 견종이 있다. 한때 일본에서 이 개가 선풍적인 인기를 끌었다. 이후 한국으로 넘어오게 됐다. 요즘은 대중화된 포메라니안도 실은 일본에서 먼저 대중화되고 난 다음에 한국으로 건너왔다. 롱헤어 닥스훈트와 롱헤어 치와와도 몇 년 전부터 일본에서 인기를 끌었다. 그리고 얼마 전 롱헤어 치와와가 한국 방송에 등장하게 됐다.

우연의 일치라고하기엔 너무도 비슷한 패턴이다. 그렇다면, 앞으로 한국에서 유행할 견종으로는 어떤 종류가 있을까? 앞일을 예측하는 것은 부질없는 짓이긴 하지만 웰시 코기와 보더 콜리가 대세를 차지할 것 같다. 일본의 경우는 고도 성장기 이후 삶의 질을 추구하는 쪽으로 가치관이 변화하기 시작했고, 여가 시간을 같이 즐길 수 있는 견종, 즉 스포츠도그(Sportdog)를 찾는 사람들이 늘어났다. 이런 흐름이 감지된 게 대략 10~15년 전 일이고, 최근 2~3년 전부터 보더 콜리를 비롯한 스포츠도그의 인기가 급상승하고 있다.

이러한 다양한 방향에서의 성장은 개뿐만이 아니라 사람에게도 좋은 방향이고, 일견 진정한 반려견 문화의 완성이라 볼 수도 있다. 개와 사람이 함께 호흡하고 뛰어다니는 것은 인간과 개 모두의 건강과 정서적 만족감을 위해서 적극 권장할 만한 일이다. 필연적으로 조만간 한국에도 스포츠도그에 대한 수요와 인기가 늘어날 것이다. 일본과 한국의 반려견 문화에서만큼은 국적은 다르지만 사람 사는 것은 거기서 거기다. 이렇게 사람의 환경이 비슷하니 찾는 개들 역시 비슷한 것이다.

내가 굳이 견종의 유행과 반려견 산업의 성장세에 관해 이야기를 하는 것은, 언제부터인가 우리 입에 붙은 '반려견'이라는 단어를 다시 생각해보자는 의도였다. 우리는 반려인의 입장에서 개를 바라볼 때 '가족'이라는 말을 많이 한다. 그래서 반려견이란 단어도 나온 것이다. 그런데 그 가족도 '유행'을 탈 수 있는 것일까? 내가 너무 엄격한 잣대를 들이미는 것일까?

"사랑은 무조건이다. 즉, 조건이 붙지 않는 것이다."

이 말을 전제로 이야기하자면, 시대나 환경에 따라 유행하는 견종이 나올 이유는 없다. 즉, 우리가 자랑하는 반려인 1,000만에는 일정 수준 이상의 '허수(虛數)'가 존재한다는 것이다. 개를 사랑하고, 진정한 가족으로 받아들여 반려견이란 이름 그대로 개를 대하는 반려인이 있는가 하면, 한때의 유행이나 감정에 치우쳐 즉흥적으로 개를 키우는 이들도 분명 존재한다는 말이다.

물론 사람과 사람이 만나는 사랑에서도 외모나 성격, 직업 등의 주변 환경이 고려되기는 한다. 그러나 여기에는 최소한의 안전장치가 있다. 사람은 헤어지더라도 스스로를 챙길 수 있는 능력과 상황을 판단할 수 있는 이성이 존재한다. 그러나 사람의 손에 의해 만들어진(지금의 반려견 대부분은 사람의 손에 의해 품종 개량된 존재들이다) 개들에게 사람은 절대적인 신이다. 사람의 손이 떠나는 순간 이 개들은 생존 자체를 위협받게 된다.

사랑은
유행 따라
움직이지 않는다

미안한 말이지만, 대한민국에서 진정한 반려인이라 부를 수 있는 사람은 반려견 인구 1,000만 중에서 채 10퍼센트가 되지 않을 것이란 것이 내 판단이다. 그 나머지 사람들에게 개는 우리가 사용하길 꺼려하는 '애완견'이란 말로 개를 대하는 사람들이다. 길거리에 버려진 수많은 유기견들이 그 증거이고 말이다. 그렇다고 이들을 탓하거나 폄하할 생각은 추호도 없다. 이런 양적 성장이 곧 반려견 문화의 질적 성장을 이끄는 원동력이 되기 때문이다. 나는 다만 이들을 끌어안고, 더 나아가 진정한 의미에서의 '반려견'이란 의미를 사회 전체에 확산시키는 것이야말로 우리 반려견 문화의 질적 발전으로 이끄는 시작이라고 생각한다.

개는
개고
사람은 사람이다

02

언제부터인가 개들이
'옷'을 입고 다니기 시작했다.
"개가 추울까 봐서."
"개도 화려한 옷을 좋아할 거예요."

유감스럽게도 개는
태어날 때부터 '털'이 있다.
땀샘도 거의 없다.
게다가
개는 색맹이다.

"너는 왜 똥오줌도 못 가리니?
내가 화장실 만들어줬잖아!"
그러나 개의 입장에서 보자면
이런 생각을 할 것이다.
"나는 내 나름대로 화장실을 만들어서
사용하고 있잖아!"

"개는 개고, 사람은 사람이다."
개를 온전히 개로 바라본다면,
개가 왜 이런 행동을 하는지
이해할 수 있다.

“외계인은 존재한다. … 다만 외계인에게 지나친 관심은 갖지 말아야 한다. 외계인이 있는 다른 행성을 방문하는 것은 크리스토퍼 콜럼버스의 아메리카 대륙 발견이 원주민들에게는 그리 달갑지 않은 것과 같은 일이 될 것이다.”

천재 물리학자 스티븐 호킹 박사가 외계인과의 접촉에 대해 의견을 피력한 말이다. 호킹 박사는 외계의 뛰어난 문명이 인간에게는 호의적이지 않을 것이란 전제하에서 이야기를 했다. 이 기사를 접하고 나서 문득 이런 생각을 하게 됐다.

‘개에게 인간은 외계인이 아닐까?’

같은 포유류지만, 인간은 영장류다. 개는 식육목 개과에 속한 동물이다. 언어도 다르고, 생태도 다르다. 아니, 종부터가 다르다. 개가 약 1만 5,000년 전 이래로 사람의 손에 길러져 가축화됐기에 망정이지 아니었다면, 개와 인간 사이에는 한 세상을 공유한다는 것 외에 어떤 접점도 없었을 것이다. 만약 개와 인간이 같은 종이었다면, 나와 같은 훈련사들은 필요가 없을 것이다. 대신 그 자리에는 교육자들이 앉아 있을 것이다. 기본적으로 언어가 다르고, 신체의 모습도 다르다. 좋아하는 환경도 다르고, 습성이나 문화도 다르다. 외계인으로 봐도 무방하다.

"개와 인간은 명백한 다른 종이다. 언어가 다르고, 신체의 모습도 다르다. 좋아하는 환경도 다르고, 습성이나 문화도 다르다. 한마디로, 개에게 사람은 외계인이다."

만약 좋은 주인을 만나면 그 개는 'ET'가 되는 것이고, 나쁜 주인에게 걸리면 '에일리언'이 되는 것이다. 사람들이 훈련사를 찾는 이유가 뭘까? 훈련소를 찾아와 훈련을 맡기는 이유를 곰곰이 생각해보자. 부탁하는 훈련의 내용을 보면, 이것이 개를 위한 것인지 주인을 위한 것인지 바로 알아챌 수 있다. 물론 물을 필요도 없다. 모두 주인을 위해서다. 어쩌면 개는 사람을 '신'으로 바라볼지도 모른다. 최소한 '부모'나 '우두머리'로 볼 것이다. 먹여주고, 재워주고, 사랑을 나눠주고, 같이 놀아주기도 한다. 살아 있는 유기체라면, 생존을 위한 활동을 해야 한다. 개의 사촌이라 할 수 있는 늑대만 보더라도 이들은 '사냥'을 하고, 생존을 위해 군집생활을 한다. 그런데 개는 그렇지 않다. 적어도 대한민국 가정에 있는 반려견만 놓고 봐도 이들이 스스로의 생존을 위해 하는 활동은 제한적이다.

대다수의 개들은 이미 사람의 손에 의해서만 그 생명 활동을 유지할 수 있는 존재가 됐다. "콜럼버스의 아메리카 대륙 발견이 원주민들에게는 그리 달갑지 않은 것과 같은 일이 될 것이다."라는 스티븐 호킹 박사의 말이 달리 보이는 대목이다. 우리가 염두에 둬야 할 두 가지가 뭔지 언뜻 떠오를 것이다.

첫째, 개와 사람은 서로 외계인에 가까운 다른 종이다.
둘째, '현대의 개' 중 대다수는 사람에게 의존해야지만 그 생명을 유지할 수 있는 존재다.

반려견 훈련사로서 너무 냉정하고, 무미건조하게만 바라보는 것 아니냐고 말할 수도 있겠지만, 본질적인 측면에서 이는 사실이다. 그 본질을 인정해야만 이후의 관계나 문제 해결의 실마리를 찾을 수 있다. 우리가 개를 안으며 가족이라 말하고 '반려견'임을 믿어달라고 하지만, '사랑'으로 극복할 수 없는 것도 분명히 존재한다. 대표적인 것이 언어 장벽이다. 개도 훈련을 통해서 인간의 명령을 이해할 수는 있지만, 내밀한 의사소통이나 형용사와 같은 감정 표현의 언어를 알아들을 수는 없다. 같은 의미로 인간도 개의 언어를 완전하게 알아들을 수 없다. 그저 '추리'를 할 뿐이다.

인간 대 인간의 경우는 언어, 국적, 민족, 종교, 사상이 달라도 소통의 여지가 있다. 기본적으로 같은 인간이기에 사고할 수 있고, 소통할 수 있는 능력이 있다. 그러나 개와 인간은 다르다. 뿌리부터가 다르다. 나는 개와 사람의 관계 맺음의 진짜 시작이 여기부터라고 생각한다.

"개와 사람은 다른 종(種)이다."

개를 사람처럼, 의인화의 오류

언제부터인가 개들이 '옷'을 입고 다니기 시작했다.

"개가 추울까 봐서…"

개는 태어날 때부터 '털'이 있다. 인간보다 훨씬 더 추위를 이겨낼 수 있도록 진화했다. 게다가 땀샘도 거의 없다.

"개도 화려한 옷을 좋아할 거예요."

02

유감스럽게도 개는 색맹이다. 화려한 색상의 옷을 입혀도 개는 이를 느끼지 못한다. 결정적으로 옷을 입혀도 개는 스스로 제 옷을 보지 못한다. 개의 시야각을 생각해보면 이해가 빠르다. 인간은 직립보행을 함으로써 목을 자유자재로 돌릴 수 있기에 뒷부분을 제외한 대부분의 신체를 자기 눈으로 볼 수 있지만, 개의 경우는 자신의 앞을 보도록 특화돼 있다. 이 모든 걸 종합해보면 이런 결론에 다다른다.

'사람의 욕심 때문에 옷을 입히는 건 아닐까.'

개인적으로 개의 미용이나 옷과 같은 액세서리에 대해서 반대하는 입장은 아니다. 개를 키우는 사람들의 입장에서 보자면, 어느 정도 내 개가 남에게 예뻐 보였으면 하는 마음과 그로 인한 만족감이 함께 존재한다. 다른 측면에서는 허영심이라 할 수도 있겠지만, 사람인 이상 이런 마음이 없다는 것이 이상하다. 다만, 어떤 일이든지 간에 지나치면 모자란 것만 못하다는 걸 잊지 말아야 한다. 중용(中庸)을 지켜야 한다는 소리다.

그 기준에 대해서는 말들이 많겠지만, 기본적으로 '과하지 않을 만큼 자연스러움'을 강조하고 싶다. 반려견 미용을 예를 들어 보자. 사람과 함께 생활하는 반려견을 예쁘게 꾸미고, 털을 골라주는 것까지는 좋다. 위생을 위해서도 반드시 필요한 일이기도 하다. 그러나 애초에 태어난 상태에서 심하게 변질된 모습, 이를테면 과도한 염색이나 파마 같은 치장에 이를 때면, 이게 과연 개에게 맞는 걸까라는 의문이 든다. 옷도 마찬가지다. 주인의 자기만족을 위해 옷을 입히는 것까지는 이해의 범위 안쪽에 있지만, 그 이상을 넘어서 치렁치렁 매단 옷이라든가, 옷에 배낭이 달려 있는 정도라면 생각을 다시 해봤으면 한다.

"우리 아이를 예쁘게 보이게 하고 싶어요."

반려인들 사이에서 흔히 들을 수 있는 말이다. 이 말에 어떤 문제가 있는지 생각해봤으면 좋겠다. 단순히 개를 예쁘게 보이고 싶어 한다는 게 문제가 아니다. 문제는 개를 '사람'으로 생각한다는 것이다. 바로 '의인화의 오류'다.

개가 사람을 어떻게 바라볼지는 아무도 모른다. 개체별로, 상황별로 명백히 다르다. 그러나 사람의 경우는 개를 '사람'처럼 여긴다. 만약 개를 처음부터 끝까지 '사람'으로 대한다면, 그리 큰 문제는 아닐 것 같지만, 그러나 유감스럽게도 거의 대부분의 경우 평소에는 개를 사람처럼 대하다가 결정적인 순간 개를 '개'로 대한다. 개가 어느 장단에 맞춰야 할지 모를 만큼.

"개에게 일어나는 문제의 90퍼센트는 사람이 원인이다."

이는 다시 말해서 사람이 잘못하고 있다는 것이다. 그리고 그 잘못의 대부분은 우리의 기준에 개를 맞추는 것에 있다. 의인화가 모든 문제의 시작이다. 여기서 사람 '사이'의 이야기를 꺼내보자. 한 언론인에게 이런 이야기를 들었다.

"모든 인간관계는 영업 아니면 연애다."

"개는 사람이 아니다.
그런데도
사람처럼 생각한다.
사람 기준에
개를 끼워맞추는 것이다.
문제는 평소에는 개를
사람처럼 대하다가도,
결정적인 순간에 개를
'개'로 대한다는 것이다."

내 동의 여부와 관계없이 이 사람의 논리는 이러했다. 아무리 부모 자식 간이라도, 부부 사이라도 갑과 을이 존재한다는 것. 힘의 미묘한 차이에 따라서 한 사람이 다른 사람을 주도할 수도 있고, 끌려갈 수도 있다는 것이다. 친한 친구 사이라도 잘 뜯어보면, 분위기를 주도하는 사람이 있다. 자신 주변의 인간관계를 잘 살펴보자. 내밀하게 들여다보면 갑과 을이 존재한다는 걸 느낄 것이다. 그리고 그 '주도'하는 힘의 근원은 사회 경제적인 어떤 '요인'들이다. 이런 갑을관계를 벗어나는 유일한 관계가 바로 '연애'란 것이 그 언론인의 말이었다. 사랑은 관계 설정에 들어가는 주변 환경에 대한 검토나 분석을 백지로 만든다는 것이다. 그러나 이 '사랑'의 시기는 극히 짧고, 뒤이어 '생활'이나 '현실'이란 장벽에 부딪혀 결국은 갑과 을의 영업 관계로 돌아선다는 것이 그의 결론이었다.

그의 논리라면 개와 사람의 관계는 어떨까? 분명한 건 개와 사람 사이에도 갑을관계가 존재한다. 아니 오히려 더 선명하다. 애정을 말하고, 자식이라고 혹은 새끼라고 말해도 그 안에는 분명 갑을관계가 존재한다. 이 갑을관계를 부정할 수만은 없다. 당장 보호자의 입장에서 애정으로 개를 대한다 하지만, 구조적인 형태는 갑을관계다. 만약 당신이 사료를 주지 않는다면, 개는 굶어죽을 것이다. 구조적으로 개는 보호자에게 의존할 수밖에 없는 형태다. 형식이 내용을 지배한다는 말이 있다. 아무리 개를 사랑한다고 해도 한쪽은 물질적으로 '주는 쪽'이고, 한쪽의 세계에 다른 한쪽이 들어가 사는 모양새다. 당연히 한쪽의 발언권이 커질 수밖에 없다.

이 관계를 부정할 수도 없고 부정하자는 말도 아니다. 다만 우리가 생각해봐야 할 것은 우리가 생각하는 그 '사랑'이 우리만의 자기만족일 수 있다는 걸 인식해야 한다는 것이다. 우리는 분명 '사랑'이라고 말을 하지만, 그게 과연 개에게 옳은 건지 생각해봐야 한다. 어떤 생각이 옳을지는 각자 판단을 내려야 하지만, 서로 더 오래가려면 어떻게 해야 할까? 그것이 우리의 숙제이자 반드시 생각해봐야 할 문제다. 반려인은 각자 선택을 해야 한다. 영업과 연애의 중간인가? 아니, 진정한 사랑이라면 오래 행복하게 가는 관계를 생각해야 한다.

개는 개고 사람은 사람이다

아무리 연애 기간이 길어도 갓 결혼한 신혼부부들은 부부싸움을 하게 된다. 주도권 싸움일 수도 있겠지만, 기본적으로는 서로 간에 다름을 인정하지 못하기 때문이다. 최소한 20여 년 이상 다른 공간, 다른 집안 환경, 다른 가치관으로 살아왔던 남녀가 한 집에서 살게 된다면, 당연히 충돌할 수밖에 없다. 개도 마찬가지다. 앞에서도 말했듯이 사람과 개는 '종' 자체가 다르다. 말도 통하지 않는 '외계 생명체'가 인간의 공간에 들어와 생활을 한다.

표면적으로 명백한 갑을관계가 형성됐다고 하더라도, 궁극적으로 개와 인간은 서로 의사소통이 안 된다. 거의 대부분은 경험칙에 의한 반응으로 의사소통을 시작한다. 이와 같은 초보적인 의사소통을 한다고 문제가 해결되는 건 아니다. 모든 반려인들이 한 번쯤 경험했을 법한 일 하나를 들어보자. 개를 처음 집에 데려왔을 때 가장 신경 쓰는 게 뭘까? 십중팔구 배변 문제다. 왜 개들은 인간처럼 화장실에 가서 용변을 보지 않는 걸까?

개들이 사는 공간은 인간의 공간이다. 지극히 사람을 위한 공간 안에서 사람과 동거를 하는 것이다. 별것 아닌 것 같지만, 이는 결정적인 문제의 시작점이다. 처음부터 문제가 발생한다. 사람의 경우에는 사람의 시선으로 '집'이란 공간을 바라본다. 개의 경우는 개의 시선으로 '집'이라는 공간을 바라본다. 이미 눈치 채셨겠지만 사람의 경우에는 당연히 사람을 위해 만든 집이니 자연스럽게 구획 구분이 간다. 여기는 주방, 저기는 거실, 저기는 안방, 저기는 화장실 등등 사람이 만들어놓은 구분이 있다. 당연한 것이다. 처음부터 사람 편의를 고려해 그렇게 만들었으니 말이다.

그럼 개는 어떨까? 사람이 자신의 공간을 자신만의(인간만의) 개념으로 분류해놓은 것처럼 개도 자신만의 개념으로 공간을 파악하고 이해한다. 개는 공간을 나눌 때 노는 공간, 화장실, 자는 공간으로 나눈다. 여기서 가장 중요한 건 최초에 화장실을 어디로 배치(?)할지가 관건이다. 거기에 따라 개의 공간이 나눠지는 것이다. 사람이 각 구획별로 '방'의 성격으로 구분 짓는 것과는 전혀 다른 공간 이해다. 이때 필요한 것이 '타협'이다.

서로 양보하고 이해가 따라야 한다. 그 대전제는 역시나 '애정'이지만, 중요한 것은 그 '애정'을 어떤 식으로 표현할 것인가

이다. 인간의 입장에서 개를 바라보는 순간, 이런 말들이 튀어 나온다.

"너는 왜 똥오줌도 못 가리니? 내가 화장실 만들어 줬잖아!"

그러나 개의 입장에서 보자면 이런 생각을 할 것이다.

"나는 내 나름대로 화장실을 만들어서 사용하고 있잖아!"

개를 잘 살펴보자. 자신만의 확실한 공간 구분이 있다. 노는 공간, 자는 공간에서는 절대 용변을 보지 않는다. 개는 자신만의 화장실을 만들고, 그곳에 확실하게 용변을 본다. 이를 탓하면 안 된다. 제 스스로 판단하고 공간을 구획하는 행위다. 그럼 어떻게 해야 할까? 당연히 여기에 필요한 것이 교육과 훈련이다. 같이 살기 위해서는 서로 간에 배려가 필요하다. 사람은 사람의 공간 안에 개를 들여놓았기에 같이 생활할 수 있는 최소한의 '타협'이 필요한 것이고, 개는 사람의 공간 안에 들어간 것이기에 그 공간 안에서 사람과 공동생활을 할 수 있는 '규칙'을 이해해야 한다. 여기서 내가 거듭 강조하는 것이, 바로 이것이다.

"개가 살아야 할 공간은
인간의 공간이다.
지극히 사람을 위한
공간 안에서 사람과
동거를 하는 것이다.
별것 아닌 것 같지만
개 입장에서
인간의 룰을 따라야
한다는 건 큰 곤욕이다."

"개는 개고, 사람은 사람이다."

개를 온전히 개로 바라본다면, 개가 왜 이런 행동을 하는지 이해할 수 있다. 마찬가지로 사람은 사람이라는 확실한 원칙이 있어야 한다. 개를 사랑하는 마음을 탓할 생각은 전혀 없다. 그러나 그 사랑에는 분별이 있어야 한다는 말이다. 정말 개를 사랑한다면 개를 사람처럼 대하지 말고, '개'로 바라봐야 한다. 이것은 개를 위해서도 당신을 위해서도 꼭 필요한 일이다. 이쯤에서 또 다른 질문 하나를 던질까 한다.

"도대체, 당신은 왜 개를 키우는 건가?"

거의 대부분의 대답이 '행복'이나 '사랑'이 들어가는 내용일 것이다. 행복하기 위해서, 사랑하기 위해서 개를 키울 것이다. 그런데 그 행복이나 사랑을 느껴야 할 대상이 오로지 자기인 경우에는 어떨까? 나만 행복하고, 나만 사랑한다면? 그 행복이나 사랑의 대상이 되는 개는 정작 불행하다면 어떻게 할 것인가? 사람의 기준으로 사랑을 나눠주고, 행복을 건네준다. 하지만 개는 힘들어할 수도 있다. 오해할 수도 있지만, 개를 인격적으로 대하는 것은 좋지만, 생활환경 자체를 사람을 대하듯 만드는 것이 문제일 수 있다는 말이다. 내 기준이 아니라 개의 기준으로 세상을 바라보는 아주 약간의 배려만 해줘도 개는 더 행복해질 수 있을 것이다.

신혼부부가 서로를 알아가듯이 서로의 입장을 잠시 내려놓고, 상대방의 입장에서 서로를 바라보자. 이런 타협을 통해서 당신과 당신의 개는 더 행복해지고, 더 사랑할 수 있게 될 것이다. 그 시작은 서로의 존재를 인정하는 것부터다.

"개는 개고, 사람은 사람이다."

개를
위한 것인가,
나를
위한 것인가

"훈련이란 당신의 개를
좀 더 사랑하기 위해서
하는 것이다."

사람과 약속한 곳에서 배변하고,
밤이면 짖지 않고 잠자리에 들고,
주인이 어딘가로 나갈 때
다시 돌아올 것이라는 믿음으로
불안해하지 않는다.

수많은 반려견 미용실과
거리마다 넘쳐나는 반려견 옷들,
'혈통서'와 '순혈견'에 대한 집착,
반려견 훈련조차도…
"개를 좋아하는 것이 아니라,
내 개를 보고 좋아하는 다른 사람의
표정을 좋아한다."

'짖는 것', '무는 것', '대소변', '분리불안'
이 네 가지를 제외하고는
개가 큰 문제를 일으킬 사안이 없다.
나와 개의 행복의 관점에서
훈련을 생각해야 한다.

반려견 훈련은 꼭 필요한 것일까? 인간의 입맛대로 개를 길들이는 것 아닌가? 결국 사람 편하자고, 개를 괴롭히는 것 아닌가? 이런 질문이 나올 때마다(극단적인 자연주의자의 느낌이지만) 나는 이런 대답을 한다.

"훈련이란 개를 좀 더 사랑하기 위해서 하는 것이다."

앞에서도 말했지만, 개와 인간의 관계는 외계인과의 첫 번째 조우(First Contact)다. 종이 다르고, 언어와 생태가 다르다. 이런 상황에서 개는 당신의 공간에 들어와 생활을 한다. 형식적으로 완전히 당신에게 의존하는 '을'의 존재다. 이런 상황에서 개는 자신의 본능대로 행동을 한다. 아무 데서나 짖고, 똥오줌을

흩뿌린다. 흔히 이런 말을 한다.

"긴병에 효자 없다."

맞다. 당신이 아무리 개를 사랑한다 하더라도 사람의 인내심에는 한계가 있다. 그래서 필요한 게 타협이고, 훈련이다. 당신이 당신의 개를 더 사랑하기 위해서라도 개가 당신의 생활환경 속에서 살아가기 위한 최소한의 '규칙'을 알려줘야 한다. 그 규칙을 공유하는 것은 최대한 빠를수록 좋다.

목줄 그리고 훈련

개와 함께한 40년 인생이다. 대한민국에서 개 훈련사란 이름으로 살아온 지 25년이다. 25년이면, 강산이 두 번 하고도 반이 바뀌는 시간이다. 이제 개 훈련에 대해서는 이력이 날 법도 한데도, 개를 볼 때마다 새롭다. 다른 공산품이나 제조품의 경우에는 일정한 형식이나 규칙이 있지만, 개에게는 이런 상식이 통하지 않는다. 개마다 성격이 다르고, 처한 환경이 다르다. 그에 따라 매 훈련 때마다 그 방법이 달라지고, 고민의 지점이 다르다. 그러나 훈련의 대원칙은 똑같다.

"기억을 심어준다."

훈련은 기억을 심어주는 행위다. 개가 자연에서 생활한다면 훈련이 필요 없다. 훈련의 필요성은 인간과 함께 생활하기 때문이다. 인간의 공간에 들어와 인간과 함께 생활하기 위해서는 인간의 공간에서 통용되는 최소한의 규칙을 따라야 한다. 그래야만 전혀 다른 세계를 살아온 두 외계인이 공존할 수 있다. 문제는 이 두 외계인은 서로의 언어를 알아들을 수 없다는 것. 결국 훈련이란 반복적인 학습을 통해 기억을 심어주는 행위다. 여기서 또 다른 문제는 그 방법이다. 사람들이 나를 볼 때마다 묻는 것이 있다.

"목줄로만 훈련시킬 수 있나요?"
"강아지를 강압적으로 다뤄야 하나요?"

주로 세미나나 반려견 관련 행사에서 이런 질문을 많이 받는다. 그럴 때마다 나는 직접 시범을 보여준다. 이런 경우에는 보통 문제행동을 보이는 개를 동반하는 경우가 많다. 그러곤 되묻는다.

"제가 강아지를 강압적으로 다루나요?"

누군가는 방송에 나온 내 모습을 보고 너무 강압적이지 않느냐고, 또 다른 이는 내가 목줄만을 고집하기에 다른 방법이 없는 것 아니냐는 식으로 말하기도 한다. 답답한 마음에 한숨 쉬던 때도 있었지만, 지금은 크게 의미를 두지 않는다. 편집된 방송에 나온 모습이 강압적인 모습이라도 이제는 그것도 이해한다. 짧은 방송 시간 안에 임팩트 있는 모습을 보여줘야 하기에 중간 과정이 생략됐다고 내 나름대로 생각을 정리했다. 이 정도면 사람들이 불편해하는 그 '목줄'을 포기할 만도 한데, 난 여전히 목줄을 '사용'한다.

> "훈련은 기억을 심어주는 행위다. 훈련이 필요한 이유는 개가 인간만을 위해 만든 공간에서 규칙을 이해해야 하기 때문이다. 그럴 때 목줄은 개와 사람의 번역기가 된다."

"목줄은 개와 사람의 번역기다."

이는 내 오랜 지론이다. 앞에서도 말했지만, 개를 훈련시키는 것은 '기억을 심어주는 것'이다. 이채롭게도 훈련사들의 필수 교육과목 중 하나는 유아발달심리학이다. 개의 지능을 두 살 이전의 아이라고 보고, 이를 활용해 훈련을 하려는 노력으로 아동심리학을 공부하는 것이다. 어떤 면에서는 아이를 키우는 것이 훨씬 더 쉬울 수 있다. 사람의 아이 같은 경우에는 이미 두 돌이 지나면 본격적으로 언어를 익히게 된다. 아이를 키워보신 분이라면 이해할 것이다. 이 시기 아이들은 "이게 뭐야?"라는 말을 입에 달고 산다. 이때(2~3세) 아이들은 하루 평균 5~6개의 낱말을 익히고, 1,000여 개의 낱말을 사용해서 자기 나름의 '말'을 하게 된다. 그러나 개는 그렇지 못하다. 개는 죽는 그 순간까지 사람의 언어를 익힐 수 없다. 그러면 어떻게 훈련해야 할까?

"사랑으로 감싸야 한다."

맞는 말이다. 사랑으로 개를 감싸 안아야 한다. 그런데 어떤 방법으로 언제까지 사랑으로 감싸야 할까? 사람을 대하듯이 사람을 교육하듯이 하는 게 좋을까? 개 훈련뿐만 아니라 다른 동물들의 훈련 그리고 사람의 교육까지도 그 본질은 다르지 않다.

미국의 저명한 경제학자 스티븐 레빗이 쓴 《괴짜 경제학》이란 책이 있다. 국내에서도 선풍적인 인기를 끈 책이다. 이 책을 딱 한 줄로 정리하자면 이렇다.

"인간은 인센티브(incentive)로 움직이는 존재다."

사실 새로운 게 없는 말이다. 애덤 스미스가 《국부론》에서 설파한 '보이지 않는 손'과 같은 맥락이다. 빵가게 주인이 빵을 만드는 건 손님들을 생각하는 마음이 아니라 자신의 이익, 즉 돈을 벌겠다는 이기심에서 나온 것이라는 말과 같다. 이 이기심이 우리의 경제를 돌아가게 만든다는 것이다. 인간은 어떤 '대가'를 기대하고 움직이는 존재다. 그 대가는 눈에 보이는 금전적인 이익도 있겠지만, 눈에 보이지 않는 성취욕이나 정신적인 '어떤 것'일 수도 있다. 교육도 마찬가지다. 그저 공부가 좋은 소수의 몇몇을 제외하고 대부분의 학생들은 공부를 하지 않았을 때의 불이익, 이를테면 부모님의 꾸지람이나 선생님의 체벌까지 생각해 공부를 한다.

개도 본질적으로 다르지 않다. 인센티브의 효과는 인센티브를 받지 않았을 때의 상태보다 '좋다.'라는 기억이 있어야 성립

한다. 이 말은 인센티브를 지속적으로 줄 수 없다는 것을 의미한다. 물론 한없이 줄 수 있는 자원도 없다. 만약 개를 사랑하는 마음에서 계속해서 인센티브를 주고, 사랑을 베풀겠다면 말릴 생각은 없다. 그러나 개와 올바른 관계를 맺고 싶다면, 추천하고 싶지 않은 방법이다. 만약 사람의 경우라면 백보 양보해서 그렇게 키울 수는 있다. 인간에게는 언어가 있고, '이성'이라는 것이 있어서 스스로 생각할 수 있는 여지가 있기 때문이다. 그러나 개가 쓰는 언어와 사람이 쓰는 언어가 다르다. 이를 통역해줄 수단도 없다. 이런 상황에서 한 공간에서 생활을 하는 것은 불가능하다. '사랑과 칭찬'을 건네는 당신의 진심을 개에게 전달할 수 있는 방법이란 없다. 의인화의 오류다. 사랑을 주기 전에 이게 혹시 잘못된 방향이 아닐까를 깊게 고민해봐야 한다.

사회가 민주화되고 인권에 대한 인식이 싹트면서 동물을 바라보는 시선도 나아졌다. 이는 마땅히 인정해야 하고 우리가 계속 추구해야 할 방향이다. 그러나 동물에 대한 사랑과 동물에 대한 교육은 분명 다른 범주의 이야기다. 개 훈련에는 최소 수준의 '강압'이 들어갈 수밖에 없다. 사랑과 칭찬을 통해 끝까지 개를 훈련시키겠다는 생각을 할 수도 있다. 그러나 이건 언젠가는 벽에 부딪힐 수밖에 없다. 개가 훈련 성과를 보여줄 수 없다는 게 아니라(그 성과를 장담할 수 없다), 사람의 인내력과 관련된 문제다. 아니, 다 떠나서 '시간'이 아깝다. 이건 사람의 시간이 아니라 개의 시간이다. 사람은 평균수명 80세를 바라보고 있다. 그러나 사람의 시간으로 개는 불과 15년 남짓 살 수 있다. 이 짧은 시간 주인과 행복한 시간을 보내야 하는데, 어느 한쪽의 문제 때문에 불편함이 가중된다면 그 시간은 무엇으로 보상받을 것인가?

"개와 인간의 시계는 다르게 돌아간다. 인간의 시간으로 개의 시간을 가늠해서는 안 된다. 짧은 시간 안에 개가 인간과 함께하는 규칙을 이해해야 하는 이유다."

짧으면 1~2달 안에 해결될 문제를 1년이나 끈다면 그 자체가 노력의 낭비, 시간의 낭비다. 그 사이 당신이 당신의 개를 바라보는 눈빛은 변해갈 것이다. 다 떠나서 만약 문제견의 거주 지역이 아파트라면, 현실은 지옥이 될 것이다. 한마디 첨언을 하자면, 사회화의 시기 즉 생후 5개월 이전의 개라면 긍정과 칭찬으로만 훈련하는 것이 맞다. 사회화 시기에 대해서는 반려인들이라면 기본적인 상식이 있을 것이다.

생후 1년도 안 된 아이가 '잘못'을 했다고 혼내는 부모는 없다. 간혹 짜증을 내긴 하지만 직접적으로 아이에게 화를 내는 경우는 드물다. 세상 물정에 대해서는 아무것도 모르고 겨우 기어 다니는 아이에게 인간생활의 규칙을 말하는 것은 의미가 없다. 언어에 대한 개념도 없고 인간관계나 규칙이란 단어가 뭔지도 모르는 아이에게 '교육'을 말하는 건 그저 웃기는 일이다. 이 시기 아이들은 몸으로 세상을 경험하고 하나씩 그 경험을 축적하는 시기다. 개도 마찬가지다. 아직 아무것도 모르고, 여기저기 굴러다니며 세상을 알아가는 그 시기에 잘못된 신호를 주면 안 된다. 그러나 그 이후의 교육에서는 방법론을 고민해봐야 한다. 이럴 때 필요한 것이 '의인화'다. 학령기가 돼 학교를 간 아이들을 생각해보라. 체벌은 없어졌지만, 선생님의 꾸지람이나 교육적인 '벌'은 존재하고 필요하기까지 하다. 마찬가지다.

나는 목줄이나 체인을 사용한다. 그리고 이걸 '통역기'라고 부른다. 어떤 사람들의 눈에는 강압적 수단처럼 보이지만, 절대로 강압적인 방법은 아니다. 나는 목줄을 챔으로써 개들에게

0.05초 정도의 짧은 기억을 심어준다. 그리고 그 기억에 반대되는 보상을 한다. 언제나 보상과 야단의 비율을 8:2로 맞춰서 개를 훈련한다. 칭찬은 고래도 춤추게 한다지만, 개에게 인간의 칭찬이 어떤 식으로 전해질지는 아무도 모른다. 결국은 잘못했을 때의 짧은 기억을 기준으로 보상과 야단을 구분 짓게 하는 수밖에 없다. 내가 목줄을 인간과 개의 통역기라 부르는 이유이다.

이제는 반려견 훈련소 문턱이 낮아졌지만, 과거에는 반려견 훈련소를 찾는 사람의 다수가 부유층에 한정되던 시절이 있었다. 그들 중 몇몇은 반려견 훈련에 대한 특별한 필요성이 있어서라기보다 자신의 개가 특별하게 보일 수 있도록 훈련시켜줄 것을 부탁하기도 했다. '앉아!' '엎드려!' '기다려!' '이리와!' '옆에!(따라다니기)' '하우스!'와 같은 인간의 명령어에 즉각적으로 복종하는 개의 모습을 상상하며 훈련을 부탁했다. 그럴 때면 나는 한 가지 질문을 던진다.

"왜 개에게 이런 훈련을 시키는 거죠?"

보호자들은 머쓱한 표정을 지으며, "똑똑해 보이잖아요."라는 답변을 하곤 한다. 멋진 외모와 더불어 사람의 말에 즉각적으로 반응하는 개의 주인으로서 느끼는 만족감이다. 그 만족감을 탓할 수는 없다. 그러나 그에 앞서 개에게 훈련시키는 근본적인 이유를 이해해야 한다. 나는 개를 훈련시키는 근본적인 목적이 개의 행복에 있다고 생각한다.

"훈련된 개는 행복해진다."

사람도 배움을 얻기 위해 학교에 간다. 가기도 귀찮을뿐더러 배우는 공부가 고달프지만 학교에 가야 한다. 엄연히 존재하는 사회적 시스템 안에서 훗날 더 행복해지기 위해서다. 학교 교육에 대한 사람들의 생각이 다양해지고 교육 자체에 부작용이 없는 것은 아니지만, 보통 사람들에게 특별한 선택지는 없다. 아침이 되면 일어나 학교에 가고, 훗날 힘들지만 직장에 왜 가야 하는지 매번 묻지 않는다. 교육이라는 훈련이 낳은 결과다. 매일 학교에 가는 이유를 모르거나, 왜 배워야 하는지 모르거나, 왜 힘든 직장에 출근해야 하는지 모른다면, 긴 인생을 헤쳐 나가는 것이 힘들고, 결과적으로 인생이 불행해지는 결과를 낳을 것이다.

개에게 훈련시키는 궁극적인 이유도 마찬가지다. 처음에는 힘들지만 훈련을 통해 사람과 약속한 곳에서 배변하고, 밤이면 짖지 않고 잠자리에 들며, 주인이 어딘가로 나갈 때 다시 돌아올 것이라는 믿음으로 불안해하지 않는다면, 그야말로 개의 행복을 위해 바람직한 일이다. '앉아', '엎드려', '기다려', '이리와', '옆에(따라다니기)', '하우스'와 같은 기본 명령어를 제대로 익히고 따른다면 사람은 개와 지내는 것이 수월해진다. 그리고 그럴 때 개도 편안하게 사람과 행복하게 지낼 수 있다. 개와 사람 간의 관계에 쓰이는 '명령'과 '복종'이라는 말은 전혀 불편한 말이 아닌 개와 사람의 행복을 규정 짓는 약속이라는 점을 먼저 이해할 필요가 있다.

결국 '남'을 의식하는 것이 문제다

심리학자 김태형의 《불안증폭사회》라는 책을 보면, 우리나라를 '관찰사회'라고 표현한다. 오랜 농경사회에로 거슬러 올라가 서로를 관찰하고, 남과 다른 자신의 모습에 불안해하고, 남의 기준에 자신을 맞추려 하는 우리의 기질을 설명한다. 그 책에 따르면 오랜 농경사회의 관습이 현대 사회까지 이어지며 지금도 '남'을 의식하고 살아가게 됐다는 해석이다. 남들이 자동차를 사면 나도 사야 하고, 남들이 집을 사면 나도 사야 하는 것처럼 말이다.

우리는 어디에 존재하는지도 모르는 환상 속의 '엄마 친구 아들'과 '엄마 친구 딸', '옆집 남편'들과 비교를 당한다. 그들의 연봉이 얼마고 성적이 어떤데 너는 뭐냐라는 압박. 우리는 태어나면서부터 남과 비교되고, 남 눈치를 보며, 남들과 비슷하게 살기 위해 노력한다. 이러다 보니 사람들은 남의 눈을 의식해 뭔가를 하게 된다. 남들에게 과시하기 위해 물건을 사고, 남들이 다하기 때문에 나도 하며, 남들이 하는 걸 하지 않으면 뒤처지는 느낌이라 따라 하는 것이다.

물건이나 서비스를 사는 것이 곧 '유행에 뒤처지지 않는다.'라는 느낌, 혹은 자신의 성공을 증명해야 한다는 강박을 갖는다. 남에게 과시하기 위해, 남에게 뒤처지지 않기 위해 우리는 뭔가를 구매해야 한다. 광고는 뒤처지는 것에 대한 공포를 조장하고 있다. 안타까운 건 이런 우리의 방식이 개에게도 고스란히 적용된다는 것이다. 남에게 보이기 위해 유행에 맞게 개를 기르는 사람이 없다고는 말하기 어렵다.

"개를 좋아하는 것이 아니라, 내 개를 보고 좋아하는 다른 사람의 표정을 좋아한다."

수많은 반려견 미용실과 거리마다 넘쳐나는 반려견 옷들도 따지고 보면, 개를 위한 것보다는 주인의 만족감, 더 나아가 남들에게 '보여주고픈' 과시욕의 다른 표현이 아닌지 생각해본다. 주인이 행복해야 개도 행복하다. 그러나 이 '보여주기' 문화가 다른 식으로 드러나게 되면 반려견 문화를 왜곡시킬 수 있다. 한국에서 유독 문제가 되는 '혈통서'와 '순혈견'에 대한 집착도 같은 가지에서 뻗어 나온 문제다. 개라는 존재를 그냥 사랑하면 되지만, 남의 시선을 생각해 남에게 과시하기 위해 필요한 것이다. 반려견 훈련도 '남' 때문에 하는 것일 수 있다.

개를 위한 것인가,
나를 위한 것인가

반려인들이 훈련소를 찾는 이유 중 상당수는 다음 네 가지 문제 중 하나 혹은 두 개를 고치려는 것이다. 훈련소를 찾지 않더라도 사람과 함께하는 개들은 이 네 가지 문제를 하나쯤은 가졌거나, 문제가 될 정도로 드러나지 않았거나, 주인이 참는 경우에 속한다.

'짖는 것', '무는 것', '대소변', '분리불안.'

이 네 가지 문제가 아니라면 사람들은 크게 신경을 쓰지 않는다. 소수의 특수한 상황에서 보여주는 이상행동은 말 그대로 '특수한 상황'이고, 사람과 함께하는 경우에 가장 크게 걸리는 문제들이 바로 이 네 가지다(물론 특수훈련이나 도그쇼를 위한 개가 아닌 평범한 반려견의 경우다). 그런데 실은 넓은 마당이 있는 집에서 자유롭게 키울 경우에는 이 세 가지 문제가 크게 신경 쓰이지 않는다. 길에 나다니는 자동차를 걱정할망정, 설사 문제가 있더라도 크게 신경 쓸 정도의 사안은 아니다. 원래 개들은 몇몇 품종을 제외하고는 에너지가 넘치는 존재다. 그런데 여기서 우리의 반려견 문화를 놓고 생각해봐야 할 대목이 있다.

인터넷에 떠도는 이른바 '3대 악마견'이라 불리는 비글, 아메리카 코커스패니얼, 미니어처슈나우저에 대한 온갖 악평(?)들도 실은 이런 남의 눈만을 의식한 분양에서 시작한다. 결론부터 말하면 이들 개에 대한 편견마저도 잘못된 정보에 근거한다. 훈련사 입장에서 보자면, 이른바 '3대 악마견'을 훈련시키는 것이 오히려 더 쉽다. 훈련성이 좋아서 가르치는 보람이 큰 종이다. 그런데 어째서 '악마견'으로 매도됐을까? 이유는 바로 이들 개의 귀엽고 깜직한 외모와 달리 활동성이 커서 보호자들이 분양 후에 버거워하기 때문이다.

대표적인 악마견으로 불리는 비글의 예를 들어보자. 비글은 원래 토끼나 여우같은 동물들을 사냥하기 위해 품종 개량된 개다. 당연히 기운이 넘칠 수밖에 없다. 이런 개를 외모만 보고 아파트에서 키운다면 당연히 그 에너지를 주체 못해 탈이 날 수밖에 없다. 품성, 훈련 능력, 사역 능력 면에서 정말 좋은 개임에도, '3대 악마견'이라는 꼬리표가 붙은 이후 사람들에게 외면받는 현실이 훈련사로서는 안타깝기만 하다. 좀 과장되게 말한다면, 사람들에게 외면받다 보니 이 '3대 악마견'이라는 누명을 쓴 개들을 주변에서 볼 수 있는 기회가 점점 줄어들고 있다. 결론적으로 보면, '3대 악마견'은 없다. 잘못된 판단과 환경이 만들어낸 '누명'일 뿐이다. 이 '3대 악마견'이라 불리는 이 세 품종에게 잘못이 있다면, 어중간하게 태어났다는 것뿐이다. 소형견이라면 아파트에서 키우고, 대형견이면 마당이 넓은 집에서 키워야 한다는 사람들의 인식, 그 인식 사이의 공백에 끼어 있는 '중형견'이 문제다.

활동성 높은 견종의 특성을 제대로 파악하지 못한 상태에서

"세상에 악마견은 없다.
잘못된 판단과
환경이 만들어낸
'누명'일 뿐이다.
외모만 보고, 크기만
보고 자신의 환경을
고려하지 않고
분양받는 세태가
오히려 더 큰 문제
아닐까?"

외모와 유행만을 좇아 개를 분양하고는 감당하지 못하겠다고 개의 탓으로 돌리는 것은 악마견으로 몰린 개 입장에서 무척이나 억울한 일이다. 마당이 없음에도 공동주거 환경에서 살면서도 '이 정도 크기면 키워볼 만하지 않을까?'라는 잘못된 판단 때문에 섣부르게 분양을 받고, 후회를 하는 것이다. 이 훌륭한 개들이 악마견으로 매도되는 현실이 개인적으로 안타깝다.

이런 개들을 집 안에서 키운다면 어떤 문제가 생길까? 그것도 목줄을 채워놓고 지낸다면? 분명 분출되지 못한 에너지가 쌓이고, 주체 못할 에너지가 어딘가에서 터지게 마련이다. 여기에 사람이 잘못된 신호를 준다면 개는 문제를 일으킬 수밖에 없다. 반려견 문제행동의 원인 중 90퍼센트는 주인의 잘못이란 말을 떠올려보자.

개가 짖거나, 물거나, 대소변을 가리지 못하는(인간의 기준으로) 경우, 이걸 개 탓으로만 돌릴 수는 없다. 개로서는 지극히 당연한 행동이다. 개는 무척이나 합리적인 존재다. 원인이 있으니 결과가 있는 것이고, 그 원인은 개의 입장에서 너무도 '당연한' 것들이다. 문제는 이 '결과'를 받아들이는 사람이다. 무는 것, 짖는 것, 대소변을 가리지 못하는 것, 주인이 눈앞에서 사라질 때 불안감을 느끼는 것은 사람의 기준에서 '문제'일 뿐이다. 이것도 어느 정도 선까지는 주인이 감내한다고 생각하면, 그리 큰 문제도 아니다.

사람의 아이도 모든 욕망을 채우며 자랄 수는 없다. 성장 과정에서 부족함을 깨닫고, 아이 중심으로 세상이 움직이지 않는다는 것을 깨달아야 성공적인 사회생활이 가능하다. 개도 마찬가지다. 타인에게 직접적인 피해를 입히는 것은 잘못된 것이고, 조기에 이를 교정하기 위한 노력을 해야 한다. 조기에 훈련된 개와 함께 사는 보호자는 개로 인해 발생하는 불편함이 생기지도 않고 남을 의식하며 키울 필요도 없다. 고통받는 이웃이 생기기 전에 주인 스스로 개를 교정할 수 있다. 초기에 나타나는 문제를 사랑을 이유로 용인하는 것은 잘못된 태도다. 개의 잘못된 행동이 이어지다 보면, 주인은 스트레스를 받게 되고 무의식적으로 개에게 짜증을 낼 수밖에 없으며, 사랑 안에 존재했던 인내마저 잃을 수 있다.

25년간 훈련사 생활을 하면서 느낀 한 가지는 문제견의 훈련을 부탁하는 경우의 거의 대부분이 '남'과의 관계에서 문제가 돼서야 훈련사를 찾는다는 점이다. 이럴 때 쓰는 말이 있다. '호미로 막을 걸 가래로 막는다.' 가능한 한 어릴 때 제대로 된 신호를 개에게 주고, 인간과 개의 한계와 범위를 조기에 교육하는 것이야말로 결국 사람과 개가 남의 눈을 의식하지 않은 채 평화롭게 공생하는 길이다. 결국 나와 개가 함께 행복해지기 위해서 개를 훈련하는 것이다.

반려견이라는 이름은 말 그대로 인생의 반려(伴侶 : 인생의 동반자)를 의미한다. 그 반려자를 다른 사람들의 불편한 시선에 행복을 잃지 않도록 해야 한다. 훈련은 빠르면 빠를수록 좋다. 처음부터 개가 커나갈 수 있는 환경인지, 그리고 개가 에너지를 평화롭게 분출시킬 수 있는 여건이 되는지 등 스스로 개를 키울 준비가 되어 있는지 살피는 것이 중요하다. 개를 정말 사랑한다면, 개와 인생을 함께할 마음이 있다면 사람과 개의 행복을 위해서라도 모순된 환경에서의 접점을 찾아가는 것이 순리다. 남을 의식하기보다 나와 개의 행복의 관점에서 훈련을 생각해야 한다. 진정한 의미의 반려견과의 동행은 거기서 시작한다.

'명견'과
'명견' 사이

04

"그래봤자, 개잖아! 사람이 아니잖아!"
애완용으로 개를 바라보는 사람에게
반려의 의미를 설명해봤자
아무 의미가 없다.

반려견 훈련이
궁극적으로 지향해야 할 방향은
'사람(보호자)들에 대한 교육'이다.

'모든 개에게 일괄적으로 적용되는
개 훈련법은 없다.'
개는 견종, 나이나 성격,
주인의 성격과 주변 환경에 따라
문제의 원인과 이를 교정하는
훈련 방법이 모두 다르다.

개를 사랑하면서
개에 대해 공부한 적이 있는가?
내 개를 가장 잘 아는 건
자기 자신이다.
"사랑에는 노력이 필요하다."

20년 전 일이다. 미국의 반려견 훈련소를 방문한 적이 있는데, 그곳에서 낯선 광경을 목격했다. 보호자들이 훈련소를 방문해서 교육을 받고 있었다. 국내에서 볼 수 없었던 광경이었다.

"저 사람들은 훈련사를 목적으로 교육을 받는 겁니까?"
"아뇨, 평범하게 개를 기르는 사람들입니다."

나로서는 짐짓 충격이었다. 집에서 개를 기르는 평범한 사람들이 평일과 주말에 관계없이 훈련소로 모여서 개에 대한 지식과 개 훈련에 대한 교육을 받고 있었다. 나중에 알게 된 사실이지만, 미국에서는 한국처럼 훈련사가 직접 개를 훈련하는 경우가 드물다고 했다. 그 대신에 개를 기르는 보호자들에게 개에 대한 지식과 훈련에 대한 교육을 시키는 것이 주된 일이었다. 반려견과 함께한 오랜 역사를 가진 나라다운 반려견 선진국의 면모를 느낄 수 있었다. 하기는 미국 내 개의 숫자가 우리나라 인구보다 많은 상황(2009년 기준 7,800만 마리)이므로 납득이 되지 않는 것은 아니었다. 어쨌든 당시에는 이런 보호자들에 대한 훈련이 사업적으로 도움이 될까 의문이 들었었는데, 명백한 기우였다. 실제로 2009년 기준으로 미국은 인구 10명당 2.6마리의 반려견이 있고, 가구당 비율로 보자면 전체 가구의 39퍼센트가 개를 기르고 있다. 이들 중 상당수가 교육을 받는다.

처음에는 신기했고, 시간이 지나자 이런 문화 자체가 부럽기까지 했다. 반려견과 보호자가 함께하는 훈련과 교육이야말로 최고의 훈련 방법이다. 개와 행복하게 살기 위해서는 개보다 오히려 사람의 이해와 역할이 중요하다. 그걸 몸소 실천한다면, 문제견이 발생할 여지가 줄어들 수밖에 없다. 이런 훈련은 미국만의 독특한 문화는 아니다. 일본도 비슷하다. 일본의 훈련소에서 반려인들을 훈련하는 모습을 볼 수 있었다. 이 광경을 같이 본 지인이 내게 이런 말을 했다.

"우리나라도 개를 키우려면 시험 보고 자격증 같은 걸 따게 해야 해요."

반쯤은 농담 삼아 한 말이지만, 이 말에는 중요한 의미가 담겨 있다. 그만큼 한국 반려인들의 개를 키울 수 있는 준비가 되어 있지 않다는 말이다. 개의 습성에 대한 최소한의 상식은 물론, 개의 건강을 확인할 수 있는 기초적인 의료 지식도 전무하다.

가끔 훈련소를 찾아오는 보호자들과 이야기를 나눌 기회가 있으면, 훈련사로서 개에 관한 이야기를 하는 시간보다 '판사'로서 갈등 조정을 하는 시간이 더 많다고 느낄 때가 있다. 어떨 때는 훈련소가 아니라 가정법원을 옮겨 놓은 게 아닌가란 착각이 들 정도다.

"내가 개를 키우지 말라는 게 아니잖아! 개를 챙기는 거 반만큼만 가족에 신경을 써봐!"
"강아지는 우리 가족이라고 몇 번이나 말해?"
"개는 가족이고, 나는 가족이 아니야?"

개를 입양할 때 가족 간에 동의를 구했더라도 가족 구성원 중에서 개를 불편해하는 경우도 있다. 아예 동의를 구하지 않고 일방적으로 분양을 받은 경우도 있고, 개를 '애완견'으로 바라보는 가족 구성원이 있을 수도 있다. 이런 경우라면 분명히 탈이 난다.

"그래 봤자, 개잖아! 사람이 아니잖아!"

애완용으로 개를 바라보는 사람에게 반려의 의미를 설명해 봤자 아무 의미가 없다(이건 각자의 가치관 차이다. 개인의 가치관을 왈가왈부할 순 없다). 이런 상황에서 비용이 발생하는 훈련까지 받게 한다면 당연히 심기가 불편해질 수밖에 없다. 아니, 그 이전에 보호자가 집 안에서 어떤 태도를 보였는지 얼추 느낌이 온다. 사람보다도 개를 우선으로 생각하는 행동을 보였을 것이다. 당연히 가족들이 화를 낼 수밖에 없다. 이러다 보면, 정작 중요한 훈련이나 개에 관련된 이야기보다는 가족들 간에 이견을 조정하는 데 시간을 쓸 수밖에 없다. 안타까웠다. 사람들 사이에서도 의견 통일이 안 되는데, 개의 마음을 이해하고, 개에 관한 교육을 한다는 건 먼 나라 이야기가 될 수밖에 없다.

모든 개에게 통하는 개 훈련법은 없다

"개 훈련법은 없다."

내가 이 말을 할 때마다 사람들은 당혹스러워한다. 개 훈련사가 개 훈련법이 없다고 말하니 당황할 수밖에 없을 것 같다. 그러나 솔직해질 필요가 있다. 그러면 이제껏 사기를 친 것인가? 다행스럽게 사기를 친 것은 아니다. 다만, '주어'가 빠졌을 뿐이다.

04

"모든 개에게 일괄적으로 적용되는 개 훈련법은 없다."

'훈련에는 정석이 없다.'라는 말의 다른 표현 정도로 생각할 수도 있는데, 엄밀히 말하자면 다르다. 예전에 유명한 국내 운동 치료사와 대화를 할 기회가 있었는데, 나는 남녀노소 가리지 않고 가장 좋은 운동 치료법이 '걷기'가 아니냐고 물어본 적이 있었다. 당연한 상식인데도, 그는 몇 번인가 고민하더니 이렇게 답했다.

"일반적으로 그렇게 볼 수 있지만, 사람에 따라 이 역시도 다릅니다. 걷기를 통해 운동치료를 한다고 해도 개인의 운동능력이나 상황 등을 고려해야 합니다. 일괄적으로 '이게 좋다.' 라고 말할 순 없습니다."

"개 훈련법은 없다. 나 역시도, 가장 좋은 훈련법이 무엇인지 물을 때마다 난감하다. 그러나 견종, 나이, 성격, 주변 환경을 고려치 않고 해결할 수 있는 만능 훈련법은 이 세상에 없다."

이 대답을 듣고 슬며시 웃음이 지어졌다. 동병상련이라고 해야 할까. 나 역시도, 가장 좋은 훈련법이 무엇인지 물을 때마다 난감하다. 개는 견종에 따라, 나이나 성격에 따라, 주인의 성격과 주변 환경에 따라 문제의 원인과 이를 교정하는 훈련 방법이 모두 다르다. 즉, 모든 개는 각각 처해 있는 상황이 다르기에 거기에 일괄적으로 적용할 수 있는 훈련법이란 없다는 말이다. 그러나 무엇이든 급하게 해결해야 직성이 풀리는 우리의 습관과 인터넷 등의 영향으로, 사람들은 핸드폰 OS 업그레이드하듯이 규격화되고, 오래 걸리지 않는 비장의 훈련법이 있는 듯이 생각한다. 어떨 때는 훈련사인 나보다 개를 더 잘 아는 듯이 느껴질 때도 있다. 사람은 죽을 때까지 배워야 한다지만, SNS와 인터넷에 넘쳐나는 개 훈련법을 보다가 내 상식을 의심할 때도 있다.

'이게 개를 훈련시키자는 거야, 소를 훈련시키자는 거야?'

예를 들어, 개가 짖을 때 이를 제지하기 위해서는 큰 소리로 "안 돼!"를 외치며, 제지하라는 글을 본 적이 있다(이렇게 반복하라는). 그러나 개는 사람이 크게 소리를 지르면, 자신을 응원하는 것으로 착각한다. 이 경우에 개는 더 크게 짖게 된다. 문제는 검증되지 않은 훈련법이나 잘못된 훈련법이 버젓이 '개 훈련법'이라는 제목으로 웹상에 떠돌아다니고 있다는 것이다. 한 명이 전문가랍시고 올리면, 추천을 받고 그것이 마치 정설인 양 자리잡게 되는 것이다. 이는 아주 흔히 볼 수 있는 광경이다.

검증되지 않은, 정말 말도 안 되는 훈련법으로 개를 훈련했다가는 더 큰 낭패를 볼 확률이 높다. 잘못된 훈련법은 개에게 나쁜 버릇을 들일 위험이 있고, 오히려 추후에 잘못된 버릇을 교정하기 위해 더 많은 시간과 노력을 필요로 하기 때문이다. 일반인이 개의 이상행동이나 문제행동을 인터넷이나 SNS에 나와 있는 단편적인 지식으로 해결하려 한다면, 거의 대부분 낭패 보기 십상이다. 어떤 개에게는 맞을 수도 있지만, 또 다른 어떤 개에게는 독이 될 수도 있다.

가장 흔한 이상행동이라 할 수 있는 '짖는 것'에도 이유는 무궁무진하다. 개는 왜 짖을까? 첫 번째 생각할 수 있는 것은 의사소통이다. 위험신호를 보내거나 주의를 끌기 위해서도 필요하다. 그 다음으로 생각할 수 있는 것이 자기 영역을 지키기 위해서 짖는 경우다. 가장 일반적인 건 두려움이나 공포 때문에 짖는 것이다. 이 외에도 분리불안 혹은 심리적인 좌절이나 외로움 때문에 짖을 수도 있다. 또 나이에 따라, 환경에 따라 즐거움과 반가움을 표현한 것일 수 있다. 이처럼 그 이유는 각기 다르다. 개에 대한 지식이 없는 일반인이 그 원인을 찾아서 거기에 맞게 교정을 한다는 건 어려운 일이다. 그럼에도 많은 사람들은 인터넷의 부정확한 정보를 믿고 개를 훈련시키려고 시도한다. 자신의 개를 잘 알고, 견종의 습성을 공부한 상태라면 더 많은 정보를 얻으려는 시도는 바람직한 행동이다. 항상 말하지만, 그 개를 가장 잘 아는 것은 주인이다. 또한 개에게 가장 많은 영향을 주는 것은 주인이다. 개는 주인의 성격을 닮을 정도로 많은 영향을 받는다. 이런 주인이 제대로 공부를 하고, 의지를 가지고 개를 훈련한다면, 훈련 성과는 좋을 수밖에 없다. 그러나 생각보다 그런 의지와 노력을 보이는 주인은 그리 많지 않다.

'명견'과 '멍견'의 갈림길

1990년대였다. 선진국 클럽이라 할 수 있는 OECD에 가입했다며, 이제 우리나라도 선진국이라며 자화자찬을 했던 기억이 난다. 그리고 몇 년 되지 않아 IMF 경제위기를 겪게 된다. 이후 IMF 구제금융을 청산하고, 다시 정상적인 국정 운영이 가능하게 되자 또 다른 문제가 터져 나오기 시작했다. 다리가 무너지고, 배가 침몰하고, 건물이 쓰러졌다. 언론들은 후진국형 사고라며 우리나라의 압축 성장이 가져온 부작용이라며 떠들어댔다. 그런데 우리의 반려견 문화도 마찬가지다. 언제부터인가 반려견 400만, 반려견 인구 1,000만을 말하며 양적인 성장에 고무된 표정을 짓지만, 그 실상을 들여다보면, 반려견 선진국이라고 말하기 부끄러운 수준이다. 툭 까놓고 말해서 한국에서 태어나 자란 개들은 여전히 생활이 힘들 수밖에 없다. 여러 문제들이 있는데, 가장 중요한 것 세 가지만 살펴보자.

첫째, 주거환경의 문제다.

한국의 주거환경의 기본은 아파트다. 2005년도에 이미 전체 주택의 50퍼센트를 아파트가 차지한 이후로 꾸준히 그 비율은 올라가고 있다. 여기에 다세대 주택과 같은 빌라형 거주형태를 추가한다면, 우리나라 주거형태는 '공동주거'로 일반화됐다. 이런 공동주거 형태에서 개를 키운다는 건 주인뿐만 아니라 개에게도 심각한 악영향을 끼칠 수 있다. 개는 몇몇 품종을 제외하고는 에너지가 넘쳐나는 존재다. 이들은 절대적으로 많은 운동량을 필요로 하지만, 이를 소화시켜줄 공간이 매우 부족하다. 결과적으로 이는 개에게 극심한 스트레스로 작용하게 되고, 어떤 형태로든 이상행동을 일으키게 만든다. 또한 공동주거 생활이기에 앞집, 옆집, 위아랫집의 눈치를 볼 수밖에 없다. 이러다 보니 자연스럽게 개의 행동을 제한할 수밖에 없게 되는 것이다. 개는 이런 공동주거 형태에 대한 스트레스를 느낄 수밖에 없고, 거기에서 비롯되는 문제행동으로 사람도 힘들어지게 되는 것이다.

둘째, '애완견'이란 꼬리표다.

얼마 전 일이다. 외국계 프랜차이즈 커피 전문점이 내려다보이는 2층 밥집에서 식사를 했다. 이때 눈에 들어온 것이 흰색 몰티즈였다. 누군가가 개를 커피숍 앞의 가로수에 묶어놓고 사라졌다. 목줄도 고급스러웠고, 미용 상태로 좋은 걸로 봐서 주인으로부터 충분한 사랑을 받고 있다는 걸 짐작할 수 있었다. 언뜻 스쳐간 '혹시 유기견?'이라는 생각은 빠르게 사라졌다. 주인이 잠시 커피를 사러 들어갔으려니 생각했는데, 엉뚱한 일이 벌어졌다. 길을 가던 사람들이 하나 둘 모여들더니 이 개를 만지기 시작했다. 연인인 듯한 이들이 지나가자, 젊은 여성들 몇몇이 찾아와 뭔가를 건네며 머리를 쓰다듬기 시작했다. 분명 좋은 의도에서 나온 행동이었지만, 그 개는 싫은 듯 고개를 가로젓고 있었다. 그렇게 얼마간의 시간이 흐른 뒤에야 커피 전문점에서 주인으로 보이는 여성이 나왔다.

내가 5분도 안 되는 짧은 시간 동안 본 것만 해도 7~8명의 사람들이 개를 만지고 지나갔다. 사람의 기준으로는 예뻐서, 귀여워서란 말로 그 행동을 설명할 순 있겠지만, 개로서는 매우 곤혹스러운 시간이다. 극단적이지만 사람의 경우도 마찬가지다.

누군가가 아무런 교감 없는 이성의 몸을 더듬는다면, 성추행이 된다. 하물며 아이도 누군가가 귀엽다고 만지는 것도 위험한 행동으로 받아들여지고 있는 추세다. 실제로 모든 개가 사람을 좋아할 것 같지만, 몇몇 품종(골든 리트리버와 같이 '근본적으로' 사람을 좋아하는 개는 좋아할지도 모른다)을 제외하고는 낯선 이들의 손길에 고개를 젓는다. 우리가 반려견을 말하지만, 대한민국의 많은 사람들은 아직까지 개를 '애완견'으로만 바라본다. 예쁘고 귀엽기 때문에 만져보고 싶어 한다. 최근에는 이런 인식이 많이 개선되어 주인이 있으면 주인의 허락을 받고 개를 만지는 모습을 종종 확인할 수 있는데, 아직까지도 이런 인식이 미흡하다.

셋째, 보호자들의 인식이 부족하다.

1,000만 반려인이라 말은 하지만, 내가 만나본 수많은 사람들이 여전히 개에 대해 제대로 알고 있지 못했다. 그나마 지금은 인식이 많이 바뀌어서 공공장소에 나갈 때는 배변봉투를 들고 가고, 주변에 피해를 주지 않기 위해 노력하는 모습을 쉽게 확인할 수 있다. 이것만으로도 장족의 발전이기는 하지만 그러나 이건 어디까지나 '타인의 눈'을 의식한 결과이지, 개를 바

"내 개를 가장 잘 아는 건 보호자 자신이다. 훈련사가 아무리 뛰어나다 해도 결국은 다양한 방법 중 괜찮은 선택지를 제안하고 잡아주는 역할만 할 뿐이다."

라보는 근본적인 인식이 달라진 건 아니다.

인간이 사랑을 하게 되면, 그 대상만 눈에 들어온다. 그리고 그 대상에 대해 하나라도 더 알고 싶어 한다. 사랑하는 연인의 가족관계, 좋아하는 것, 취미 등등에 대해 고민한다. 내가 맞춰줄 수 있는 건 맞춰주고, 함께 할 수 있는 건 함께하고 싶어 한다.

그럼 개는 어떨까? 개를 사랑하면서 개에 대해 공부한 적이 있는가? 내 개를 가장 잘 아는 건 자기 자신이다. 훈련사가 아무리 뛰어나다 해도 결국은 다양한 방법 중 괜찮은 선택지를 제안하고, 큰 방향을 잡아주는 역할만 할 뿐이다. 그 개와 함께 생활해야 하는 건 주인이다. 그러나 많은 보호자들은 자신의 역할을 이해하지 못하고 있다. 자신의 개에 대해 이해하고, 함께하려면 어떤 노력이 필요한지에 대해 인식 자체가 전무한 경우가 많다.

"사랑에는 노력이 필요하다."

이 말을 꼭 전하고 싶다. 어렵고 아픈 이야기를 했는데, 결론은 사람이 문제란 이야기다. 보호자가 어떠냐에 따라 개의 성격과 운명이 뒤바뀐다. 개는 '하얀 도화지'다. 주인의 성격에 따라 개의 성격이 뒤바뀐다. 예전에 셰퍼드 두 마리를 분양한 사람이 있었다. 시골에 전원주택을 올린 사람인데, 아무래도 방범에 신경이 쓰였는지 번견(番犬, 집 지키는 개)이 필요하다고 말했다. 셰퍼드야 자타 공인 최고의 번견 품종이다. 입양 후 그렇게 몇 달이 흘렀다. 보호자에게서 연락이 왔다.

"셰퍼드가 원래 이런 개였나요?"

무슨 일인가 싶어 그 집을 방문했다. 셰퍼드가 아양을 떨고 재롱을 부리는 모습을 볼 수 있었다. 집 지키라고 데려온 개가 가정견이 되어 '순둥이'가 되었으니, 보호자는 적잖이 당황하고 있었다. 내가 찾은 문제의 원인은 간단했다. 보호자의 '성격'이 모든 문제의 시발점이었다. 우락부락한 외모와 달리 보호자는 섬세하고 정이 많은 성격이었다. 셰퍼드 강아지 두 마리를 분양한 후 특별한 교육 없이 이 사람 저 사람의 손을 타 무난한 성격으로 자라난 것이다. 보호자의 성격을 그대로 이어받아 정 많고

순한 가정견이 되었다.

보호자에게 전후사정을 다 설명했지만 납득하지 못했고, 맹견으로 알려진 핏 불 테리어 한 마리를 더 분양받고 싶다며 고집을 부렸다. 자신은 꼭 번견이 필요하다는 것이었다. 아무리 번견을 분양받더라도 당신의 성격 때문에 힘들 거 같다고 설명을 했지만, 보호자의 고집을 꺾을 수는 없었다. 결국 어떻게 됐을까? 보호자는 3마리 용맹한 개들의 재롱잔치를 바라보게 됐다.

이와 반대의 경우도 있다. 한 성격 하는 보호자의 집에 분양된 치와와는 어지간한 대형견보다 큰 목소리로 집을 지키고 있었다. 처음에는 딸을 위해 개를 데려왔는데, 시간이 지나자 이 치와와는 동네에서 유명한 '투견'이 돼 있었다.

주인이 어떤 색깔을 입히느냐에 따라 개는 어떻게 바뀔지 모른다. 거의 대부분의 경우는 자신이 어떤 색깔을 입혔는지도 모른 체 개가 변해가는 걸 보게 된다.

하얀 도화지란 표현만큼 딱 맞는 비유를 지금껏 본 적 없다. 이는 다시 말해서 개를 대할 때는 그만큼 조심해야 한다는 뜻도 되지만 주인이 어떻게 하느냐에 따라 '명견'이 될 수도 '멍견'이 될 수도 있다는 뜻이다. 훈련성의 차이는 있지만, 주인의 노력과 관심 여하에 따라 개는 변한다. 문제는 많은 사람들이 이 사실을 제대로 모르고 있다는 사실이다. 마음 내키지 않으면 개 탓만 한다.

"'명견'과 '멍견'의 차이는 품종이 결정하지 않는다. '똥개'도 보호자가 어떻게 하느냐에 따라 '명견'이 될 수도 '멍견'이 될 수도 있다. 보호자의 노력과 관심 여하에 따라 개는 변한다."

가끔 한국에서 반려견 훈련을 하는 것이 무의미한 일이 아닐까, 라는 생각을 하게 된다. 20년 전 미국에서 봤던 훈련소의 보호자 교육이 머릿속에서 떠나지 않았다. 우리 사회는 개와 함께하기에는 부족한 점이 많은 곳이다. 사람들의 인식 변화와 사회적인 합의가 점점 모여지고 있는 상황이지만, 그럼에도 개와 인간이 공존하기에는 부족한 부분이 많다. 이런 상황에서 단순히 이상행동을 하는 개들의 교정교육을 한다는 건, 병의 원인을 알면서도 진통제만 처방하는 게 아닌가란 생각이 들곤 한다.

사람의 생각이 바뀌면, 개의 행동도 바뀐다. 결국 이런 생각들이 하나둘 구체화되면서 훈련소에서 보호자들에 대한 훈련을 조금씩 시작하고 있다. 아직 초보적인 단계에 머물고 있지만,

반려견 훈련이 궁극적으로 지향해야 할 방향은 '사람(보호자)들에 대한 교육'이다. 이러한 작은 움직임이 확산되고, 하나의 시스템으로 자리 잡는다면 개의 이상행동 때문에 훈련소를 찾는 일은 훨씬 줄어들 것이다. 훈련사들의 '업의 개념'도 개를 훈련하는 것에서 사람을 교육하는 것으로 바뀔 것이다. 소수의 훈련사들만이 이상행동을 하는 개들에 대한 교정교육을 전담하는 역할을 맡게 될 것이다.

가야 할 길은 멀다. 지금까지 대한민국의 '개판'을 이끌었던 패러다임도 통째로 뒤바꿔야 한다. 보호자의 무지로 먹고사는 개와 관련한 수많은 이익집단들이 걸려 있고, 크고 작은 많은 이들의 생계가 걸려 있는 문제라 쉽지만은 않을 것이다. 우리가 이때까지 외면하고, 눈감아왔던 '현실'들을 드러내야 하는 일이기도 하다. 그럼에도 이 길을 가야 하는 이유는 이 길이 아니면, 대한민국의 '개판'은 말 그대로 '개판'이 되기 때문이다.

만약 제대로 개를 키우고 그 개가 평생 동안 별 문제없이(이상행동) 살아가기를 바란다면, 3개월 정도만 투자하면 된다. 이 3개월도 모든 시간을 다 투자하란 것이 아니라, 평소보다 많은 '관심'을 보이는 정도면 충분하다. 이 마법과도 같은 3개월,

100일만 잘 지낸다면, 이후 15년 혹은 그 이상을 당신은 멋진 주인으로 개와 좋은 관계를 유지하며 별 걱정 없이 함께 행복할 수 있다.

이 마법(?) 같은 100일이 어떤 건지에 대해서 궁금할 것이다. 사실 별다를 게 없다. 개를 키우는 이라면 이미 다 알고 있는 '사회화' 시기다. 생후 3주부터 16주 사이의 이 마법의 시간만 잘 활용하면, 개는 평생 별 문제없이 지낼 수 있지만, 유감스럽게도 한국 현실에서 이 시기는 암흑의 시기인 경우가 많다. 거의 대부분이 알고는 있으나 '두려움' 때문에 제대로 시도해보지 못하고 있다. 지금은 반려인들 사이에서 이 '사회화'에 대한 인식이 높아지고 있지만, 여전히 미흡하다. 이 시기 보호자가 어떻게 행동하느냐에 따라 개의 운명이 결정된다. 어쩌면 지금 당신은 새하얀 도화지에 검은색 크레파스로 먹칠을 하고 있는지도 모른다.

개도
사회생활이
어렵다

"사회화 시기에
뭐 하셨나요?"

'사회화 시기'는
보통 생후 3주부터
12주 사이에 해당한다.
인간으로 치자면, 6세 이전의 나이다.
이 시기에 어떤 기억이 있느냐에 따라
앞으로의 인생의 향방이 결정된다.

"우리 개는 오토바이만 보면
막 짖어대요."
"택배 아저씨만 보면 짖어대요."
"자동차 경적 소리만 들으면
경기를 일으켜요."

사회화 시기에
외부와 격리되거나 최소한의 접촉 외에
자극 없이 성장한다면,
이후 '두려움'이란 감정이 생긴 후
만난 자극을 감당해내지 못할 수도 있다.

요즘은 많이 사라졌지만, 얼마 전까지 백일 잔치는 집안의 큰 행사였다. 우리네 어른들은 '백일'에 꽤 큰 의미를 부여했는데, 생활이 궁핍하고 의학이 발달되지 않았던 시절에는 원인 모를 질병에 백일이 되기 전 아기들이 죽는 일이 심심찮게 있었다. 이 때문에 태어난 후 100일이 지났다는 건 첫 번째 고비를 넘긴 것으로 여겨 축하를 하는 것이었다. 이때 액운을 막는다는 의미의 붉은색의 수수팥떡과 깨끗한 몸과 마음으로 건강하게 자라라는 의미의 백설기를 이웃과 나누는 것도 당시 의학 수준과 관련이 깊었다. 삼칠일이라고 해서 아기가 태어나고 나서 21일 동안 금줄을 치고 외부 잡인들의 출입을 금한 것도 같은 의미로 받아들일 수 있다. 생뚱맞게 백일잔치와 삼칠일에 관한 이야기를 하는 것은 개 이야기를 하기 위해서이다. 개를 처음 분양받으면, 제일 크게 신경 쓰이는 게 바로 예방접종이다.

광견병, 개 디스템퍼(전염성 급성 염증), 파라 인플루엔자, 파보바이러스, 렙토스피라병 등 반려인들 사이에서는 상식처럼 자리 잡은 수많은 개의 질병들이 있다. 동물병원에 가면, 이런 질병의 무서움을 말하며 예방접종을 강조한다. 그리고 아직 면역이 약하고, 예방접종의 항체가 형성되기 전에는 바깥출입을 삼가는 것이 좋다는 말을 듣게 된다. 그래서 보통은 생후 6개월까지 바깥나들이를 자제할 것을 권한다. 보호자 입장에서 이때부터 고민이 시작된다.

"사랑스러운 강아지의 건강과 생명을 위해서 바깥나들이를 제한하는 것이 좋습니다."

전문가들이 권하는 말을 거부하기란 쉽지 않다. 또한 아기(사람)를 기준으로 보자면 맞는 말이기도 하다. 아기도 백일 지나기 전에는 바깥나들이를 자제하곤 하니까. 그러나 여기에는 수명에 관한 함정이 있다. 인간의 평균수명은 여든이 넘고, 본

"태어나서 한 달이 된
개는 사람 나이로 1세,
2개월은 3세, 3개월은 5세,
6개월은 9세다.
개에게 1년이라는 시간은
사람에게 17세가 되는
시기와 같다."

격적으로 두 발로 걸어서 움직일 수 있는 나이는 세 살 남짓 때부터다. 그러나 개의 평균 수명은 15년 내외다. 강아지로 태어나서 생후 한 살 때까지는 급속하게(?) 나이를 먹는다. 인간의 나이로 편의적으로 계산해보면, 태어나서 한 달이 된 개는 사람 나이로 1세, 2개월은 3세, 3개월은 5세, 6개월은 9세다.

아이가 2~3세가 되면, 세상에 대한 호기심이 왕성해지는 시기다. 이때가 되면 하루가 다르게 사용하는 단어의 숫자가 늘어나고, 주변사물에 대한 궁금증이 폭발하는 시기다. 이때부터 학교에 들어가기 전까지 아이들은 성격 형성과 함께 기본적인 언어능력을 획득하게 된다. 다른 방식으로 개도 마찬가지다. 개가 태어난 후의 첫 1년은 인간의 질풍노도의 시기와 정확히 일치한다. 인간이 태어나서 공부하고, 느끼고, 고민하는 시기 즉 사춘기까지의 삶을 개는 1년 안에 모두 겪는 것이다(개의 한 살은 사람의 17세와 맞먹는다). 사람의 17세를 한번 생각해보자. 말 그대로 질풍노도의 시기다. 이 시기를 잘못 보내면, 인생에 많은 문제가 발생한다. 개도 이 시기를 잘 보내야 하는 건 마찬가지다. 이제는 일반화가 된 '사회화 훈련'은 바로 이 예민한 시기를 어떻게 거쳐나가느냐의 과정이다. 청소년들에게 늘 하는 말인 "나중에 잘되려면 공부해라."라고 반복하는 말이 강아지의 첫 1년에도 마찬가지로 해당한다는 것이다.

사회화가 이상행동을 막는다

개별적인 편차가 어느 정도는 존재하지만, 늦어도 생후 16주령까지가 '사회화 훈련' 시기다. 이 시기를 놓치면, 사회화 훈련을 하고 싶어도 하지 못한다. 많은 반려인들이 사회화 훈련의 중요성을 머리로는 알고 있지만, 이게 어떤 영향을 미치는지에 대해서는 피부로 와 닿지 않는 것 같다. 아니, 알고는 있지만 무엇을 어떻게 해야 할지에 대한 두려움이 커 선불리 움직일 수 없는 것일지도 모른다.

'사회화 시기'는 보통 생후 3주부터 12주 사이에 해당한다. 인간으로 치자면, 6세 이전의 나이다. 이 시기에 어떤 기억이 있느냐에 따라 앞으로의 인생의 향방이 결정된다. 왜 그런 걸까? 개는 생후 16주까지는 아무런 '두려움'이 없기 때문이다(이 시기에 '두려움'이 없다는 말을 꼭 기억해두자). 한마디로 말하자면 이렇다.

"순수한 호기심 덩어리."

어떤 선입견이나 터부, 두려움 없이 세상을 오로지 '호기심'으로만 바라본다는 것이다. 이 시기에 개는 세상을 향한 호기심으로만 가득 차 있다(사람의 아이가 2~3세 때 보여주는 호기심과 같다). 이 시기 강아지들에게 사람, 물건, 소리 등등 오감으로 느낄 수 있는 모든 것들을 최대한 많이 보면, 이후의 인생에서 이것들에 대한 두려움이나 공포를 걷어낼 수 있다는 뜻이다. 너무 단편적으로 설명한 것 같은데, 아기를 생각해보자.

"저게 뭐야?"
"저거 자동차."
"자동차가 뭐야?"
"응, 사람이 타고 다니는 건데, 굉장히 빨라."

"빨라? 얼마나 빨라?"

엄마와 아기의 대화다. 강아지도 마찬가지다. 개는 생후 3주부터 세상을 바라보고, 자기 나름대로 해석을 하는 것이다. 컴퓨터로 치자면, 처음 OS를 까는 것이라 생각하면 이해가 빠르다. 이 시기에 어떤 프로그램을 까느냐에 따라 컴퓨터의 성능이 달라지는 것과 같다. 어떤 선입견이 생기기 전이기에 아무렇지 않게 사물, 사람, 소리에 접근할 수 있다. 그리고 그 나름의 판단을 내리고, 그 기억을 자기의 머릿속에 담아놓는다. 만약 이 시기를 잘못 넘기게 되면, 트라우마가 되기도 한다.

"우리 개는 오토바이만 보면 막 짖어대요."
"택배 아저씨만 보면 짖어대요."
"자동차 경적 소리만 들으면 경기를 일으켜요."

이런 이상행동의 상당 부분은 사회화 시기와 연관이 됐을 확률이 높다. 이 사회화 시기에 외부와 격리되거나 최소한의 접촉 외에 자극 없이 성장한다면, 이후 '두려움'이란 감정이 생긴 후 만난 자극을 감당해내지 못할 수도 있다. 즉 나쁜 기억으로 받아들이는 것이다. 사회화가 제대로 안 된 개의 경우 십중팔구 이상한 기억들을 머릿속에 담아놓을 수밖에 없다. 만약 개가 사람과 함께 생활하지 않는다면, 이런 '사회화 교육'은 불필요하다. 이런 경우에는 어미 개나 주변의 형제나 동료들과 부대끼며 살면 된다. 아마 자연스럽게 야생에서의 삶을 배울 것이다. 그러나 불행히도 이질적인 종인 사람과 함께 살아야 하는 개라면 이야기가 다르다. 사회화 시기에 개는 사람에 대해 자기 스스로의 판단을 내리고 기억을 간직하기 때문이다.

개와 인간은 종(種)이 다르다. 그럼에도 같은 공간에서 생활하게 되는 게 반려견과 사람의 숙명이다. 이 둘의 관계 설정에 대해서 인간은 인간 나름대로 한 상태에서 개를 받아들인다. 그럼 개는 어떻게 해야 할까? 개도 개 나름대로 관계 설정을 해야 한다. 사회화 시기에 개는 인간과 자신의 관계를 설정한다. 이때 자신에게 사랑을 나눠주는 사람을 만난다면, 이 개는 사람이란 자기를 사랑해주는 고마운 존재이자 함께하는 우두머리로 받아들이겠지만, 만약 나쁜 기억을 심어준 사람을 만난다면 사람에 대한 두려움이나 경계심을 가지게 된다. 자, 문제는 이때부터다.

일반적으로 개의 사회화 시기는 생후 3~12주 사이이다. 늦어도 16주까지는 주변 사물이나 사람에 대한 두려움이나 경계심 대신 '순수한 호기심'이 남아 있다. 그러나 한국에서의 개들은(반려견의 경우) 분양을 받은 뒤에 예방접종을 맞고, 집 안에서 '대기' 상태로 지내는 경우가 많다.

"사회화 시기에 외부와 격리되거나 최소한의 접촉 외에 자극 없이 성장한다면, 이후 '두려움'이란 감정이 생긴 후 만난 자극을 감당해내지 못할 수도 있다."

"아직 면역력이 완전하지 않다."

이 말이 전혀 틀린 말은 아니다. 그러나 이 천금 같은 시기를 놓친다면 그 이후 사람과 개의 관계는 힘들어진다. 툭 까놓고 말하자면, 사회화 훈련 1년만 제대로 한다면(생후 3~16주 사이의 사회화 훈련과 이후 생후 1년이 될 때까지의 '다지기' 기간) 이후 평생 동안 이상행동이나 문제행동 때문에 개 훈련소를 찾을 확률은 거의 없다고 봐도 된다. 사람도 어린 시절을 어떻게 보내느냐에 따라 성격이 형성된다. 만약 어린 시절의 큰 상처나 정신적 충격이 있다면, 이걸 성인이 되고 나서 치료를 하려면 엄청난 시간과 노력이 필요한 것처럼 개도 어린 시절의 상처나 정신적 충격은 이상행동이나 두려움으로 나타난다. 이걸 성견이 되어 고치려면 몇 배의 노력과 시간이 필요하다.

결국은 사회화 시기에 어떤 기억을 가지고 있느냐가 그 개의 운명을 결정한다는 말과 같다. 그럼 어떻게 해야 할까? 우선은 보호자가 갖는 두려움부터 걷어내야 한다. 예방접종과 면역력에 대한 고민이 있다면, 수의사와 상의해 3~12주 사이에, 늦어도 16주 이전에 '사회화 훈련'에 들어가야 한다. 사회화 훈련이라고 해서 어떤 거창한 걸 생각할 수도 있지만, 따지고 보면 별거 없다. 그냥 '유치원 수학여행'이라고 생각하라.

개를 데리고 일단 집밖으로 나서보자. 그러고는 주변을 마음껏 보여주자. 지나가는 자동차도 보여주고, 빵빵거리며 경적을 울리며 달리는 오토바이도 보여주자. 산책로를 나가서는 꽃도 냄새 맡게 하고, 잔디밭에 뛰어놀게도 하자. 지나가다 사람을 만나면, 사람의 손을 타는 걸 두려워하지 않도록 개를 쓰다듬고 만지게 하자. 이때 중요한 것이 남녀노소, 안경을 착용한 사람,

착용하지 않은 사람 가리지 않고 가급적 많은 사람을 접하게 하는 것이 좋다. 이때 생각해야 할 것이 있다.

"세상에는 이런 많은 사물과 사람, 소리가 있다. 사람의 종류도 굉장히 많은데, 이 모든 사람들이 널 좋아한단다. 그러니 앞으로 우리 사람들이랑 즐겁게 잘 놀아보자."

가벼운 산책만으로 이러한 신호를 개에게 준다는 걸 기억해야 한다. 즉, 하나라도 더 많이 보여주고 경험하게 만들어 두려움이 없는 시기에 최대한 많은 경험을 쌓게 만드는 것이다. 그래야만 잘못된 선입견이나 두려움이 끼어들 틈을 차단할 수 있다. 만약 산책을 싫어하거나 두려워하는 개가 있다면 어떻게 해야 할까? 그런 경우라도 무조건 나가야 한다. 단, 이때는 산책을 나가게 만들 '유인책'을 꺼내야 한다. 개가 좋아하는 장난감이나 간식 등을 따로 챙겨서 산책을 나간다. 그런 다음 공원이나 놀이터에서 함께 놀아주는 것이다. 이때도 목적은 분명해야 한다.

"산책은 나쁜 게 아니야. 바깥세상에는 볼 게 참 많아."

“개를 데리고 일단
집밖으로 나서보자.
그러고는 주변을
마음껏 보여주자.
그리고 이렇게
얘기해보자.
‘산책은 나쁜 게
아니야. 바깥세상에는
볼 게 참 많아.’”

공정적인 신호를 보내는 것이다. 세상 나들이에 익숙해지게 만든 다음에는 점차적으로 그 공간을 확대시켜 나가야 한다. 주인과 함께 생활하다 보면 마주칠 공간, 사물, 소리, 사람들과의 접촉면을 최대한 늘려가는 것이다. 예를 들면 혼잡한 도로나 쇼핑센터, 대중교통 장소 등등 스트레스 상황으로 분류될 만한 곳을 찾는 것이다. 이처럼 사람이 많은 공간이 데려가는 것은, 당신과 함께할 개도 당신과 함께하는 동안 한 번쯤은 그곳을 갈 확률이 있기 때문이다. 어린 시절의 이런 기억은 훗날 성견이 돼서도 그대로 이어지는데, 두려움이 없던 시기에 한 번 마주한 기억이 있다면, 이후의 경험에서 이상행동을 보일 확률은 극히 떨어진다.

사회화 시기를 넘긴 다음(생후 16주 이후)부터는 ‘다지기 시간’이 필요하다. 한 번씩 다녀왔던 곳을 다시 한 번 돌아보며 기억을 각인시키는 것이다. 이 시기에 주의해야 할 점은 보호자들의 ‘방심’이다.

"이렇게 한번 돌았으니, 이제 사회화 훈련도 다 끝난 거 아냐? 이제 좀 쉬자."

보호자의 방심은 개를 혼란케 한다. 생후 한 살이 되기 전까지는 가급적 개를 혼자 있게 하지 말고, 자신이 사랑받고 있다는 느낌이 들도록 애정을 쏟아야 한다. 다시 말하지만, 이 1년을 잘 넘기면 이후 15년의 기간 동안 개는 당신 옆에서 건강하게 살아갈 것이다.

제대로 된 사회화 훈련은 훈련사의 밥줄을 끊는다

"훈련에 정석은 없다. 그러나 최고의 훈련은 있다. 바로 사회화 훈련이다."

후배 훈련사들에게 곧잘 들려주는 이야기다. 사회화 훈련만 제대로 받는다면 그리고 일반화된다면, 내가 농담처럼 말하지만 훈련사들의 밥줄은 다 끊길 것이다. 인터넷을 살펴보면, 수많은 반려견 관련 문제에 대한 질문을 볼 수 있다.

"대소변을 못 가려요. 제 방에 와서 오줌을 싸요. 어쩌죠?"

"갑자기 제 손을 물었어요. 심해지면 어쩌죠?"

"오토바이를 보면 미친 듯이 짖어요. 이럴 땐 어쩌죠?"

흥미로운 사실은 이 질문에 대해 성실히 답변을 해주는 사람들이 있다는 것이다(결코 그들의 노력과 정성을 폄하하려는 의도는 아니다). 그리고 그걸 보고 착실하게 실천에 옮기는 사람들이 있다는 것이다. 언젠가 훈련소 후배 훈련사가 출장을 나간 적이 있다. 가정견 한 마리를 분양받았는데, 이 개가 용변을 제대로 가리지 못한다는 것이다. 후배 훈련사는 정석대로 했다. 우선 집 안의 도면(?)을 보고, 개가 용변을 보는 장소를 확인했다. 언제나 그렇지만, 개들은 자신들의 범위가 있고 구역이 있다. 노는 곳, 잠자는 곳, 용변 보는 곳이 머릿속에 그려져 있다.

"여기는 주인과 노는 곳이니 용변을 봐선 안 돼."

"여기는 내가 잠자는 곳이니 안 돼."

개들은 분명히 인지한다. 만약 억지로 한곳에 용변을 보게 한 다음 '칭찬'을 하면, 놀랍게도 '연기'를 하는 개가 나온다.

싸는 척을 하면 주인에게 칭찬을 받는다는 기억이 심어졌기 때문이다. 거듭 강조하지만 개는 처해진 환경, 성격, 주인의 성격에 따라 천차만별이다. 이걸 일괄적으로 어떻게 정의 내릴 수가 없다.

"매 앞에 장사 없다고, 때려서 교정하면 돼!"

때렸는데도 말을 듣지 않는다면 어떻게 해야 할까? 당장 훈련 효과는 있을지 모르지만, 그 뒤에는 오히려 퇴행적인 모습을 보여줄 가능성이 높다. 훈련성이 현격히 떨어진다. 결국에는 두려움에 떠는 개를 보게 될 것이다. 물리적 가격은 잘못했을 때 혼내는 개념과는 전혀 다른 범주의 이야기다. 어떤 '일반적인 기준'을 가지고 개를 바라보고, 그 기준을 통해서 개를 훈련할 수는 없다. 그러나 유일하게 공통 적용할 수 있는 훈련이 하나 있다. 바로 '사회화 훈련'이다. 가끔 훈련소를 찾아오는 보호자들에게 이런 질문을 던지곤 한다.

"사회화 시기에 뭐 하셨나요?"

사회화 시기에 조금만 신경을 썼다면, 별 탈 없이 무난히 넘어갈 걸 도저히 손써볼 수 없는 지경에 이르러 찾는 분들을 어렵지 않게 본다. 사춘기를 심하게 앓다가 결국은 세월을 허비하고, 인생을 낭비한 청소년을 보는 느낌이다. 물론, 그 사정을 이해 못하는 건 아니다. 대한민국의 반려견 문화는 개의 탄생부터 '원죄'를 안고 시작하는 경우가 많다.

개들은 태어나면서부터 후각이 열린다. 이때 눈은 감겨 있고, 귀도 안 들린다. 이 시기에 가장 중요한 것이 '빠는 것'이다. 인간의 경우도 마찬가지지만, 개도 빠는 것으로 정서를 안정시키고, 주변을 인식하기 시작한다(인간의 아이도 구순기라고 불리는 뭐든 입에 넣으려 하는 시기가 있다). 형제들과 부대끼고, 어미의 젖을 물기 위해 앙탈을 부리는 과정에서 정서적인 유대를 강화시키는 것이다. 만약 이 시기에 충분히 '빨지' 못한 개들은 이를 보충하기 위해 다른 것들을 빨기 시작한다. 인형을 빨기도 하고, 손잡이나 이불을 빨기도 한다.

아는 사람들은 이미 다 알고 있을 것이다. 불과 10년도 안 돼 400만 마리나 되는 개가 어디서 나온 것일까? 정상적인 출산이라면, 단기간에 이 정도 되는 개가 태어날 수 없다. 그럼에도 우리 눈앞에는 400만 마리의 개가 존재하고 있다. 어디서 이 많은 개가 나온 걸까? 바로 번식장이다. 양계장을 생각하면 빨리 이해가 된다. 가둬놓고 딱 임신과 출산만을 반복하는 것이다. 자본주의 논리에 충실해 오로지 '생산'만을 위해 특화된 공간이다.

이런 곳에서 태어난 강아지가 정서적으로 안정되었을 것이라고 기대를 하는 것이 사치다. 사람도 마찬가지지만, 강아지도 태어나자마자 찬 바닥을 느끼게 되면 스트레스를 받는다. 생산만을 위한 번식장에서 과연 강아지들의 정서 함양을 위한 공간 구성에 신경이 쓰였을 리 없다. 태어난 강아지를 '축복'으로 생각하는 환경과 '돈'으로 보는 환경의 차이는 분명 존재할 것이다.

문제는 강아지에게 있어 생후 약 20일간의 환경과 기억은 그 어느 것과 바꿀 수 없는 소중한 시간들이란 것이다. 1차 사회성이 형성되는 시기라고 표현해야 할까. 이 시기 강아지들은 본능적으로 엄마를 찾는다. 충분히 젖을 빨아야 하고, 후각을 통해 느껴야 하고, 어미의 체온을 느끼며, 모든 감각이 깨어날 한 달 동안 정서적으로 안정이 돼야 한다. 하지만 유감스럽게도 한국의 현실에서는 이게 어렵다. 당신의 개는 이미 첫 단추를 잘못 꿰었을 가능성이 높다는 말이다.

이 부분은 사회적 합의와 사회 시스템을 통째로 개혁해야 가능한 문제다. 그렇다면, 우리에게 남은 기회는 분양을 받고 생후 16주가 되는 '사회화 시기'와 이후의 '다지기 시기' 이외에는 주어진 시간이 없다는 소리가 된다. 천금과도 같은 시간들이다. 다시 묻는다.

05

"사회화 시기에 뭐 하셨나요?"

개가 아프다,
사람이 병든다

06

전국에 있는 여러 훈련소에서
골든 리트리버가 문제를 일으키고
있다는 이야기가 심심찮게 들려왔다.
요즘 들어, 순둥이 골든 리트리버가
사고를 치기 시작했다.
사람을 무는 것이다.

"개가 버티지 못할 정도로
힘든 뭔가가 있다."

"개들이 스트레스를 받고 있다."
개가 어느 순간 동공이 확대되거나,
눈 사이나 입 가장자리에
주름이 생긴 걸 보게 되면
스트레스 상태를 의심해봐야 한다.

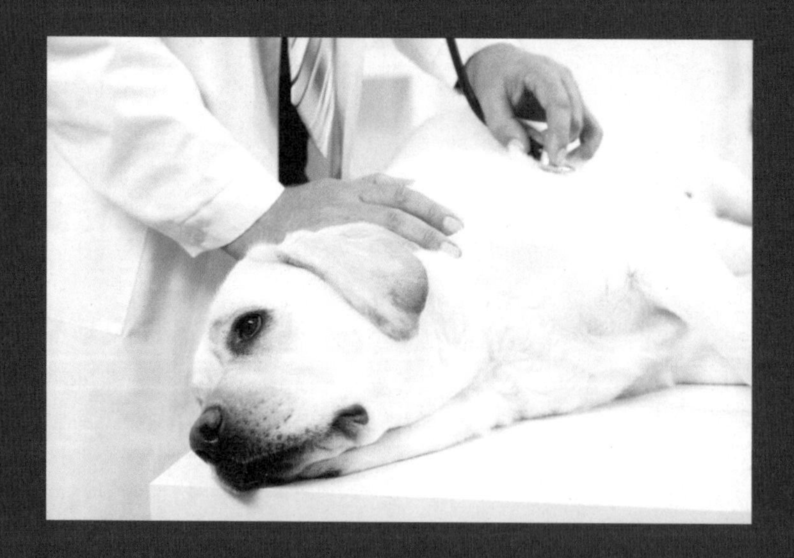

개에게 필요한 건
주인의 사랑과 사랑을 근거로 한
산책이면 충분하다.
사람의 '아픔'도 이 두 가지만 있으면
상당 부분 치료가 가능하다.

대한민국의 반려견 사회에 나쁜 소식이 하나 있다. 그리고 좋은 소식(?)도 하나 있다. 먼저 나쁜 소식을 말하자면 개들이 아프기 시작했다는 것이다. 그럼 좋은 소식은? 개를 훈련시키는 반려견 훈련사들의 일감이 늘어났다는 것이다.

냉정한 자본주의의 잣대를 있는 그대로 들이대면, 한쪽이 돈을 잃으면 다른 한쪽에서는 돈을 벌게 마련이다. 안타깝지만 자본 중심의 세상 논리가 비슷하다. 최근 들어 원인 모를 병증을 호소하는 개들이 늘어나고 있다. 그렇다면 수의사들이 돈을 벌어야 하는 판인데, 왜 돈은 반려견 훈련사들이 버는 걸까? 육체적인 질병을 호소하는 개들도 늘었지만, 정신적으로 문제를 일으키는 개들도 늘어났기 때문이다.

"소장님 요즘 심상찮은데요?"

"왜?"

"골든 리트리버가 미쳤나 봅니다."

"리트리버가 왜?"

"한번 보셔야 할 거 같은데요."

개 키우는 사람 치고 골든 리트리버라는 견종을 모르는 사람이 없을 것이다. 이름 그대로 황금색의 윤기 있는 털과 큰 체구, 또 체구와 다른 순박한 성격 때문에 사람들에게 인기 있는 견종이다. 오죽하면 천사견이란 별명이 붙어 있기도 하다. 굳이 말하면 '3대 악마견'과 정반대의 위치쯤에 서 있는 개다. 가끔 애견인 사이에서는 '어떻게 하면 골든 리트리버를 화나게 할 수 있을까?'란 농담을 나누곤 할 만큼 순한 개에 속한다.

그렇다 보니 훈련사들 사이에서도 골든 리트리버는 '주인도 못 알아보는 개'라는 농담 같은 이야기가 전해진다. 주인이 먹이를 줬을 때뿐만 아니라, 다른 사람이 먹이를 주고 귀여워해줘도 좋다고 그 사람을 쫓아가곤 해 붙은 별명이다. 그런데 요즘 들어 이 순둥이 골든 리트리버가 사고를 치기 시작했다. 사람을 무는 것이다.

"그럴 리가…. 무슨 일 있었어?"

믿기지 않았다. 더 놀라운 건 이게 한두 마리의 문제가 아니었다. 여기저기에 수소문을 해보니, 골든 리트리버가 사고를 친 게 한두 건이 아니었다. 전국에 있는 여러 훈련소에서 골든 리트리버가 문제를 일으키고 있다는 이야기가 심심찮게 들려왔다. 그 이유에 대한 토론이 이어졌고, 크게 두 가지 결론으로 모아졌다.

첫째, 골든 리트리버가 너무 많아졌다.
둘째, 사람도 버티기 힘든 한국에서 개도 힘겨워하고 있다.

개체 수가 많아지면, 그만큼 사고의 확률이 높아진다. 여러 방송매체에서 골든 리트리버를 다뤘고, 인터넷의 공유를 통해 그 인기가 올라가면서 골든 리트리버를 찾는 이들이 늘어났다. 덕분에 우리 주변에서 골든 리트리버를 볼 기회가 크게 늘어났다.

그러나 문제는 사건사고에 노출될 확률이 높아진다고 해서 골든 리트리버가 '미칠' 견종이 아니란 것이다. 세상에 '절대'란 말을 쓸 정도의 일은 흔치 않지만, 골든 리트리버에 국한한다면 그렇다. 이 순둥이가 버티지 못할 정도의 스트레스라면 속을 들여다볼 필요가 있었다. 그러나 문제를 일으켜 훈련소를 찾아오는 골든 리트리버를 보면 믿을 수밖에 없었다. 특정 지역만의 문제도 아니고, 어떤 특수한 상황에서 터진 문제도 아니다. 전국적으로 보이는 현상이다. 결론은 자명했다.

"개가 버티지 못할 정도로 힘든 뭔가가 있다."

"세상에 절대라는 말은 없지만, 골든 리트리버가 사고를 치는 경우는 절대적으로 없었다. 그런데 골든 리트리버가 사고를 친다는 얘기가 들려왔다. '개가 버티지 못할 정도로 힘든 뭔가가 있다.'"

개가 아프다

급격한 변화에 익숙한 현대인들은 21세기의 변화무쌍한 환경을 실제로 피부로 체감하지 못한다. 그러나 우리는 지금 엄청난 환경적 변화의 한가운데 서 있다. 250만 년 전 아프리카 초원 위에 서 있던 우리 조상들부터 불과 70여 년 전 해방을 맞이한 우리 할아버지 세대까지 환경적으로 그리 큰 변화가 없었다. 산업혁명으로 우리의 삶이 뒤바뀌긴 했지만, 우리를 둘러싼 환경의 구성물들은 그리 큰 변화가 없었다. 돌과 나무로 집을 짓고, 아교나 풀과 같은 접착제로 도배를 했었다.

그러나 지금은 어떤가? 혹시 '전자파 민감증'이란 말을 들어봤는가? 우리에게는 생소한 말이지만, 유럽에서는 의회 차원의 조사가 진행되고 있고, 독일, 영국, 프랑스, 스위스, 스웨덴 등 많은 나라에서 전자파 민감증 환자들의 모임이 만들어졌고, 이들을 위한 상품들이 불티나듯 판매되고 있다. 결국 이들은 전자파가 완전히 차단된 '백색지대' 프로젝트를 내놓고, 이를 위한 기자회견을 할 정도가 됐다. '전자파 민감증 환자들에게 땅 하나를'이라는 이름의 이 협회는 스마트폰의 전자파와 와이파이가 터지지 않는 지역을 만들어 전자파 민감증 환자들이 모여 살게 해달라고 기자회견을 하기도 했다.

이들은 까닭 모를 두통과 알레르기, 각종 피부병과 위장장애, 원인 없는 통증으로 신음하고 있다. 우리에게는 너무 낯선 이야기처럼 들리는가? 그럼 MDF 목재란 말은 들어보았는가? MDF(Medium Density Fiberboard)를 번역하자면, 중밀도섬유판이라고 말할 수 있는데, 쉽게 말하면 나무를 갈아 추출한 섬유질에 포름알데히드를 사용하는 접착제를 넣어서 성형 압축해서 만든 판을 의미한다. 이걸 가지고 만든 가구를 MDF 가구라고 말한다. 예전에는 나무 원목을 가지고 가구를 만들었지만, 이제는 나무 부스러기나 잡목을 모아서 이를 접착제를 붙여서 가구를 만든다고 보면 된다(원목가구가 괜히 비싼 게 아니다). 미국 EPA(환경 보호청)에서 1987년 포름알데히드에 장기간 노출되면 암에 걸릴 수 있다고 규정했다. 뒤이어 IARC(국제암연구센터)에서는 이를 인체발암물질로 규정했다. 하지만 여전히 포름알데히드는 산업계 전반에 쓰이고 있다.

현재 우리나라의 포름알데히드 규제 법령은 유럽이나 선진국에 비해서 턱없이 약하다. 의외로 포름알데히드나 환경 호르몬에 대한 규제가 허술한 게 우리 현실이다. 한국인이 포름알데히드를 접하고 살게 된 지 얼마나 됐을까? 잘해봐야 30년 정도다.

인류가 250만 년 동안 살아오면서 이 정도로 급작스럽게 환경이 바뀐 적이 있었을까? 전자파가 횡행하고, 환경 호르몬이 튀어나오고, 각장 유해물질 속에서 산 적이 있을까? 이제 겨우 50년 남짓이다. 그 이전의 환경에 적응돼 있던 인간이기에 당연히 문제가 발생할 수밖에 없다. 우리는 지금 250만 년 동안 검증된 몸을 가지고, 단 한 번도 살아본 적 없는 환경으로 뛰어든 것이나 마찬가지다. 그리고 그 반작용으로 이전에는 겪어보지 못했던 질병들과 맞닥뜨리고 있는 것이다.

그럼 개는 어떨까? 개 역시도 마찬가지다. 1만 5,000년 전 인간의 손에 가축화되면서부터 개는 인간과 같은 공간 안에서 생활하기 시작했다. 사람이 마주하는 환경을 개도 똑같이 마주한다는 의미다. 즉, 개가 아프다는 소리는 사람도 위험하다는 소리다. 그 심각성에 대해서 아직까지는 별 감흥이 없을 것 같은데, 반려견 훈련사들 사이에서는 심심찮게 이 주제에 관한 이야기가 흘러나오고 있는 상황이다.

"개가 버티지 못한다면, 사람에게 치명적이란 소리 아냐?"

연차가 있는 훈련사들끼리 하는 말들이다. 아직은 공론화되지 않았지만, 개들이 이전 세대에서 겪지 않았던 미지의 질병들에 노출돼 있다. 훈련사들이 주목하는 건 '이전 세대가 겪지 않았던 질병'에 방점이 찍힌 게 아니라 개들이 병에 걸렸다는 자체다.

"개랑 사람을 어떻게 비교해? 개 맷집이 얼마나 센데."

"개는 약한 것 같으면서도 실은 사람보다 약하지 않다. 야생에 내놓아도 일정 수준 이상 버틸 수 있다. 그런 개들이 아파하고 있다. 도대체 무슨 일일까?"

개는 약한 것 같으면서도 실은 사람보다 약하지 않다. 끊임없이 사람의 손길을 필요로 하지만, 야생에 내놓아도 일정 수준 이상 버틸 수 있는 능력이 있다(번견과 같은 대형견 기준에서). 야생에서의 생존력은 오히려 사람을 능가한다. 아울러 그 체력이나 신체 내 구성도 사람보다 훨씬 좋다. 예를 들어 개는 썩은 물을 마셔도 산다. 인간의 위산 농도를 1로 봤을 때, 개는 4~5를 찍는다. 먹을 수 있는 것이 사람보다 다양하고 병에 걸릴 확률도 낮다. 일괄적으로 적용할 수는 없지만, 개가 사람보다 더 강하다 볼 수 있다.

이처럼 강한 개들이 아파하고 있다. 과거 내가 유년 시절 보았던 개들은 약 없이도 키웠다. 그러나 지금은 피부염 같은 가벼운 질병에 걸린 개들을 주변에서 발견하기란 어렵지 않다. 아토피를 앓는 개들도 심심찮게 볼 수 있다. 위장병에 걸린 개들도 쉽게 볼 수 있다. 최근 들어선 이상행동마저 보이는 개들도 넘쳐나고 있다. 이에 대해 많은 훈련사들의 생각은 뚜렷하다.

"개들이 스트레스를 받고 있다."

현대를 살아가는 사람들이 가장 많이 사용하는 어휘 중 하나가 바로 이 '스트레스'라는 단어일 것이다. 우리나라 사람들이 자주 사용하는 외래어 중 1위가 스트레스라고 하니, 현대 사회는 스트레스 사회라 말해도 과언이 아닐 것이다. 재미난 사실이 우리가 일상에서 가장 많이 사용하는 외래어이면서도 그 뜻을 제대로 알지 못하는 말이기도 하다. 스트레스는 인간의 모든 삶의 영역에 존재한다. 누구도 스트레스를 피할 수 없다. 즉, 피할 수 있는 문제가 아니라 적응해야 할 상대인 것이다(그게 말처럼 쉽지 않아서 문제겠지만). 만약 적응을 하지 못한다면? 삶 자체가 비참해질 것이다.

스트레스가 만병의 근원이라는 것은 이미 주지의 사실이다. 이는 수사적인 표현이 아니라 현실을 그대로 반영한 말이다. 내과 입원 환자의 70퍼센트 정도가 스트레스와 연관되어 있다는 연구가 이미 나와 있다. 긴장성 두통과 같은 근골격계 질환이나, 과민성 대장증후군과 같은 위장관계 질환, 고협압과 같은 심혈관계 질환은 스트레스가 직접적인 원인 중 하나로 지목된다. 마음의 병이라 할 수 있는 정신병의 경우에는 스트레스와는 떼려야 뗄 수 없는 관계이다.

개들도 마찬가지다. 개는 감정이 있는 고등동물이다. 게다가 지난 1만 5,000년 동안 사람과 함께하면서 감정을 고도로 발달시켜왔다. 잠시 늑대 이야기를 해야겠는데, 생물학적으로 보자면 개는 늑대 사촌인 아종이다(DNA 분석결과 큰 차이가 없다. 늑대와 개의 혼혈이 가능한 이유가 여기에 있다). 13만 5,000년 전 늑대와 개는 종으로서 분리되었다. 그 이후 기원전 1만 5,000년이 되면서 개는 사람과 함께 생활하게 됐고, 늑대는 알다시피 늑대로서의 삶을 살게 됐다.

늑대와 개는 유전적으로 다른 점이 거의 없다. 다만 차이가 하나 있다면, 개가 사람에게 더 친근하고 의존적인 성격을 가지고 있다는 정도다. 우리가 주목해야 할 건 바로 늑대와 개의 감정표현에 관한 것이다. 늑대는 짖지 못한다. 늑대울음 소리(하울

링)는 곧잘 들어봤을 것이다. 그러나 개처럼 짖는 모습은 못 봤을 것이다. 개는 사람과 함께 살기 때문에 감정표현이 필요했고, 그에 따른 방법을 찾아 진화해왔다. 오늘날 개들은 6가지 정도의 감정 표현을 할 수 있다고 한다. 이를 기반으로 개 통역기가 만들어지기도 했다.

감정이 있다는 건 욕망이 있다는 의미이고, 욕망이 있다는 건 이 욕망이 좌절됐을 때 스트레스가 동반된다는 의미이기도 하다. 이미 개의 스트레스는 그 감별법이 알려질 정도로 대중적인 이야기다. 예전에도 있었고, 지금도 있으며, 앞으로도 계속 문제가 될 것이다. 그런데 어째서 최근 들어 이 문제가 더욱 불거진 것일까?

"우선은 개가 너무 늘어났어요. 갑자기 이렇게 늘어났으니, 그 전보다 문제가 많이 발생한 거죠."

맞는 말이다. 전체 규모가 커졌으니, 산술적으로 문제가 발생할 확률이 올라가는 건 사실이다. 그렇지만 이전의 경우보다 그 '정도'가 심해졌다. 용변을 잘 가리다가 한순간 실수하는 건 오차 범위 안쪽의 문제지만, 갑자기 상동행동(같은 행동을 반복하는 것)을 하는 개들이 늘어나고, 이상행동을 보이는 개들도 심심찮게 확인할 수 있게 됐다. 보호자로서는 당혹스러울 수밖에 없다. 어제까지 멀쩡하던 개가 갑자기 자기 꼬리를 잡겠다고 빙글빙글 도는 걸 반복한다면 충격적이다.

“개는 솔직한 동물이다.
사람이 주는 만큼
되돌려 주는 존재다.
개가 아프다는 건
그만큼 뭔가 잘못 주고
있다는 것을 의미한다.
개가 살기 어려운
잘못된 환경을.”

개는 솔직한 동물이다. 주는 만큼 되돌려 주는 존재다. 개가 아픈 건 그만큼 뭔가를 잘못 주고 있다는 의미다. 성급한 판단일 수도 있겠지만, 나는 이걸 환경이 주는 스트레스라고 본다. 인간이 만든 환경, 특히나 한국 사회가 만든 환경이 개를 힘겹게 만들고 있다고 보는 것이다. 개가 아프다는 건, 한국 사회가 병들었다는 의미다.

사람이 병든다

영국 산업혁명 당시의 일이다. 내연기관을 돌리기 위해서는 석탄이 필요했다. 자연스럽게 탄광 산업이 번창하게 됐고, 광부들은 지하의 갱도로 몰려들었다. 이렇게 사람이 몰리니 자연스럽게 사건사고도 증가하게 됐다. 그중 가장 위험했던 게 유독가스였다. 사람의 후각으로 감지하기 힘든 미세한 유독가스에 노출됐다가는 스스로 죽어가고 있다는 사실도 모른 채 죽을 수 있었다.

이에 대한 대비로 영국 광부들은 카나리아를 데리고 갱도를 들어갔다. 카나리아가 노래를 멈추는 순간 광부는 자신들의 죽음을 예감하게 됐고, 바로 갱도에서 탈출했다. 어쩌면 우리 옆에 있는 개는 한국 사회란 '갱도'의 위험을 알려주는 카나리아 같은 존재일지도 모른다. 개가 아플 정도라면, 사람이 버티기 힘든 상황이라고 봐도 무방할 것이다. 개가 피부염과 아토피에 걸리고 이름 모를 정신적 질환에 걸릴 정도면, 사람이 이름 모를 질병에 신음하는 건 어쩌면 당연한 것일지도 모른다.

그러나 개를 키운다는 건 카나리아와 달리 희망을 기르는 것과 같다. 카나리아는 단순히 '알려주는 것'에 그쳤지만, 개는 위험을 알려주고, 그 위험에 대처하거나 위험을 극복할 수 있는 수단으로 작동할 수 있기 때문이다. 개가 어느 순간 동공이 확대되거나, 눈 사이나 입 가장자리에 주름이 생긴 걸 보게 되면 스트레스 상태를 의심해봐야 한다(인간의 경우와 비슷하다). 여기서 좀 더 나가면 몸을 긁거나 핥게 된다. 그러다 아무 데서나 용변을 보게 되고, 자신의 꼬리를 쫓아서 빙빙 도는 상동행동을 취하게 된다.

'인간의 그것과 너무도 비슷하다.'

사람도 눈이 풀리거나 동공이 확대되면 뭔가 심상찮은 상황임을 직감할 수 있다. 그러나 강박증과 같은 증세를 보이게 된다. 이 모든 문제를 해결하기 위한 해답은 무엇일까? 간단하다. 사랑과 산책이다.

개는 가끔 사람들에게 놀라운 지혜를 선사해준다. 개는 단순하다. 그러나 그 단순함 속에 진리를 감춰놓는다. 개에게 필요한 건 주인의 사랑과 그 사랑을 근거로 한 산책이면 충분하다.

"개는 가끔 사람들에게
놀라운 지혜를
선사해준다.
개가 사람에게 요구하는
것은 단순하다.
주인의 사랑과 그 사랑을
근거로 한 산책이면
충분하다."

이 두 가지만 제대로 충족되면, 개는 스트레스 상태에서 해방된다. 역설적이게도 사람의 '아픔'도 이 두 가지만 있으면 상당 부분 치료가 가능하다.

수많은 정보에 노출돼 지쳐 있는 뇌를 쉬게 해주는 것에는 개와의 산책만 한 게 없다. 그리고 개와의 사랑이다. 개와의 스킨십과 놀이는 그 자체로도 우리를 건강하게 만들어준다.

개나 고양이와 같은 반려동물을 기르는 것만으로도 우울증에서 벗어날 가능성이 높아진다는 연구 결과는 이미 주지의 사실이다. 농담같이 들리지만, 그 메커니즘을 보면 개는 만병통치약과 같은 존재란 걸 확인할 수 있다.

개를 키움으로 인해 우리 몸의 혈압은 낮아지고, 혈중 트라이글리세라이드(triglyceride) 농도가 떨어지게 된다. 이를 통해 우리 몸은 고혈압과 같은 각종 성인병과 심장병의 위협으로부터 벗어날 수 있다. 개를 키움으로 얻게 되는 유대감은 신경 호르몬인 옥시토신의 농도를 증가시키고, 엔도르핀 분비를 촉진한다. 이 과정에서 사람들은 행복감을 느끼고, 정서적인 안정감을 얻게 되며, 우울증에서 벗어날 수 있는 계기를 얻게 된다. 또한 스트레스와 불안감이 감소되는 효과도 부수적으로 얻을 수 있다. 한 심리 연구에 의하면, 단순히 반려동물을 안고 있는 행동만으로 분노, 공격성, 긴장, 불안감이 감소한다는 결과도 나왔다.

"신은 먼저 인간을 만드셨다. 그리고 인간의 약함을 보시고 인간에게 개를 내려주셨다."

동물학자 알폰스 투스넬이 말은 거짓말이 아니었다. 이건 개에게 시혜(施惠)를 내리는 게 아니다. 거꾸로 개를 통해 내 건강과 안녕을 챙기는 것이다. 가끔 반려견 카페에 들러 보호자들이 커피를 마시는 걸 보게 된다. 우리 현실상 카페에 개를 데리고 들어가는 건 어렵다. 개도 사랑하지만, 커피 한 잔의 여유를 즐기고 싶은 마음 충분히 이해한다. 그러나 반려견 카페에서 2시간을 보낸다면, 1시간 30분 다른 보호자들과 함께 그동안의 밀린 이야기를 나누고 나머지 30분은 개와 함께 걷기를 바란다.

개와의 스킨십은 그 자체로도 당신과 개에게 에너지를 불어넣어줄 것이다. 산책과 사랑. 현대 사회에서 살아가는 개와 사람에게는 꼭 필요한 '탈출구'일지도 모른다. 개를 위해서도 그리고 사람을 위해서도 지금 함께하고 있는 개와 산책을 나가고 같이 사랑을 나누는 것만으로도 우리는 이 사회에서 버텨나갈 힘을 얻을 수 있을 것이다.

알폰스 투스넬의 말처럼 개는 신이 우리에게 점지해준 '파트너'일 수 있다. 우리의 부족함을 보완해주기 위해, 우리가 '사랑'을 잊지 않도록, 우리의 주변에 관한 기억을 상기해주기 위해, 우리보다 한발 앞서 우리의 위험을 알려주는 존재다.

'이런 개를 어떻게 사랑하지 않을 수 있을까?'

"개 키우는 데
이렇게 돈이 드는 줄
몰랐어요."

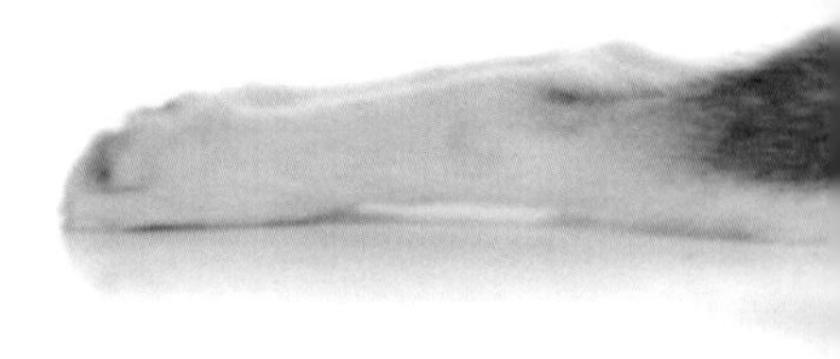

07

많은 사람들이

생각 없이

혹은 깊은 고민 없이

반려인의 대열에 합류한다.

"개 키우는 데 이렇게
돈이 많이 드는 줄 몰랐어요."
"개가 이렇게
사람을 귀찮게 하는 줄 몰랐어요."
"개를 데리고
움직이는 게 이렇게 힘든 줄 몰랐어요."

반려견은 그럼 어떤 존재일까?
죽는 그 순간까지
'미성년인 자식'이다.
그렇다는 건 우리가 반려견에 대해
무한 책임을 져야 한다는 의미다.

반려인들의 행동이나 활동에 대해
사회적 '존중'과 '이해'를 구할 수는 있다.
그러나 반려인이 개를 사랑한다고
그 사랑을 비반려인들에게
강요할 권리는 누구에게도 없다.

어쩌면 난 행운아인지도 모르겠다. 어린 시절부터 개가 좋았고, 평생 개를 보며 살고 싶다던 소원을 풀었으니 말이다. 게다가 여기에는 '덤'도 붙었다. 반려견 훈련을 업으로 삼아 남부럽지 않은 삶을 살아가고 있으니, 남들이 말하는 그 '행복한 인생'을 사는 것이라 할 수 있겠다(충청도 시골 촌놈이 성공했다).

그러나 요즘 들어 이 '행운아'의 이유가 좀 달라졌다. 행운아인 건 맞긴 맞는데, 평생 개를 보며 살 수 있어서도 아니고, 남부럽지 않게 살 수 있어서 그런 것도 아니다. 한국 반려견 문화의 격동기 한가운데서 변화를 몸으로 느낄 수 있어 행운아란 말을 쓰는 것이다.

세미나나 반려견 관련 강연을 할 때, 훈련소를 찾아오는 보호자들의 질문을 받을 때마다 격세지감이란 말을 마음속에 새기곤 한다. 불과 10여 년 사이에 이렇게 판이 바뀔 줄은 몰랐다. 20여 년 전이라면 상상 속에서나 가능했던 일들이 현실에 펼쳐졌다. 반려견 훈련이라며, 몽둥이를 휘두르던 것이 상식이었던 시절이 엊그제 같은데, 이제 복종 훈련을 할 때 먹이를 쓸지 말지를 토론하는 시절이 됐다.

말년 휴가 때 전화번호부에서 찾은 개 관련 업체 수가 9개였는데, 지금 반려견 훈련소만 2~300개를 헤아리는 수준이 됐다. 양적인 성장으로만 보자면, 20세기 대한민국의 신화적인 경제 발전 속도를 그대로 따라간 느낌이다(그 부작용까지도 고스란히 따라가고 있지만 말이다).

"개 키우는 데 이렇게 돈이 드는 줄 몰랐어요."

인식의 변화가 양적인 성장을 따라가지 못한다는 말도 있다. 맞는 말이다. 그러나 1988년의 대한민국을 생각한다면, 인식의 변화가 전혀 없는 건 아니다. 한편으로는 적당한 속도로 따라가고 있다. 불과 20여 년 전만 해도 개는 '식용'으로서의 이미지가 강했다. 그러나 지금은 복날이 되면 모란시장 앞에서 반려견 관련 단체의 퍼포먼스가 연례행사로 진행되고 있다.

지금 20대에게 물어보면, 개를 '먹는 것'으로 생각하는 것에 대해서 불쾌감이나 '비문명인'이라는 반응을 보이는 경우가 많다. 그렇다고, '개고기'에 대해서 부정하는 것은 아니다. 식문화는 그 자체로 공동체의 문화다. 부정보다는 자연스럽게 찾지 않음으로써 소멸되는 것이 나의 솔직한 바람이고, 또 그것이 문화의 흐름이다. 이 부분에 대해서 반려인의 한 사람으로서는 당연히 반대하는 것이 맞다. 그러나 이를 부끄러워할 것은 절대로 아니라고 생각한다. 프랑스의 여배우 브리지트 바르도의 개고기 망언이 생각난다.

"개고기 식용은 문화가 아니라 야만이다."

많은 반려인 사이에서 우리의 문화를 부끄러워하며, 개고기 식용에 대해 반대하는 모습을 보였다. 옳은 행동이며, 개를 키우는 사람으로 당연히 분노해야 할 일이다. 그러나 문화 우월주의적 관점이라면 동의하기 어렵다. 우리가 개고기를 거부하는 것은 이 식문화가 우리에게 불편한 문화가 되었고, 맞지 않기 때문이지 외국인의 시선 때문이어서는 곤란하다.

이른바 문화 선진국이며, 반려견 선진국이라 말하는 프랑스조차도 개고기를 먹었다. 20세기 초에도 프랑스는 개고기를 먹었다. 19세기까지만 해도 고양이 고기와 개고기 정육점이 따로 존재했을 정도였다(1910년까지 개 정육점이 있었다). 그러다가 대체 단백질 공급원이 풍족해짐에 따라 반려견 문화가 정착되었고, 결국 개고기가 사라졌다. 그러나 '전쟁'이 터지면 언제 그랬냐는 듯 개고기를 다시 먹었다. 보불 전쟁 당시에도, 제1차 세계대전 당시에도 예술의 도시 파리에서 개고기를 팔았고, 파리지앵들은 그걸 개의치 않고 사서 먹었다. 철학의 발상지 고대 그리스도, 제국을 만든 로마도 개고기를 먹었다. 의학의 아버지 히포크라테스는 개고기를 약용으로 분류했다. 인류학자 마빈 해리스의 말처럼 인류는 단백질 공급을 위해 개를 먹었다.

"나는 '개고기'를 부정하지 않는다. 식문화는 그 자체로 공동체의 문화다. 그러나 나는 '개고기' 식문화가 문화의 흐름 속에서 자연스럽게 소멸하기를 바란다."

내가 이 이야기를 굳이 꺼내는 건 개고기를 옹호하자는 것이 아니다. 반려견 문화에 관한 이야기를 하고 싶은 것이다. 문화라는 건 그 시대의 '숨결'이다. 즉, 살아 있는 것이다. 그 시대를 살아가는 사람이 생각을 하고(혹은 유행을 타고), 그에 따라 행동이 바뀌고, 그 행동 하나하나가 모여서 하나의 거대한 조류가 되고 이것이 하나의 '상식'으로 굳어지는 것이다. 조선시대 우리 조상들도 이런 문화의 숨결을 가지고 싸웠다.

조선 영조 때 이종성(李宗城)이라는 선비가 있었다. 영조 3년(1727) 문과에 급제해 3일 만에 세자시강원의 정7품 설서를 받을 정도로 뛰어난 인물이었는데, 그 기지와 명민함을 인정받아 후에 정승자리까지 올랐다. 그는 개장(狗醬 : 개고기를 여러 가지 양념, 채소와 함께 고아 끓인 국)을 먹는 것을 극히 혐오했다.

> "사람이 되어 어찌 개를 먹을 수 있는가? 충심으로 사람을 받드는 동물을 복날이 됐다 하여 끓여 먹는 짓이 어찌 사람이 할 짓인가?"

그는 개장국을 혐오했고, 개를 먹는 것을 야만으로 생각했다. 그러나 그의 목소리는 소수에 불과했고, 개고기를 먹는 문화는 지금까지 이어져 내려온 것이다. 그리고 21세기의 대한민국에서 개고기는 논란의 대상에서 '잊혀지고 있는 식문화'로서 위축되고 있다.

이게 문화다. 그 시대의 흐름에 따라 문화 자체는 변화하는 것이다. 같은 의미로 반려견 문화도 변화하고 있다. 지금의 문화가 미흡해 보일 수도 있고, 부족하다고 말할 수도 있다. 그러나 여기서부터 시작이다. 숨결 하나하나가 모여서 집단의 행동이 되고, 이게 상식이 되면 문화는 바뀌는 것이다.

"개 키우는 데 이렇게 돈이 드는 줄 몰랐어요."

그러기 위한 시작은 지금의 상황을 냉정하게 바라보고, 과연 지금의 위치가 옳은 것인지에 대한 판단부터 내려야 한다. 그런 의미에서 많은 반려인들이 지금의 대한민국 반려견 문화에 대한 고민을 시작했으면 좋겠다. 이 고민에서부터 우리의 변화가 시작되고, 그 변화는 분명 우리의 개들에게 더 좋은 삶을 건네줄 것이기 때문이다. 같이 고민해봤으면 좋겠다.

애완견인가, 반려견인가

국어사전 속에서 반려(伴侶)의 의미는 이렇다.

반려(伴侶) : [명사] 짝이 되는 동무. [유의어] 동반자, 반려자, 짝.

즉, 반려견(伴侶犬)이란 인생의 동반자가 되는 개를 의미한다. 우리가 아무렇지 않게 사용하는 말이지만, 그 안에 담겨 있는 뜻은 무겁다. 과연 이 말뜻에 일치하는 삶을 사는 반려인이 몇이나 될까? 아무리 높게 잡아도 채 10퍼센트가 되지 않을 것이란 게 내 주관적 판단이다.

이에 대해 불편한 감정을 가질 필요는 없다. 반려견 선진국이라 생각하는 프랑스만 하더라도 바캉스(Vacance) 기간이 되면, 말 그대로 '바캉스'가 된다. 원래 휴가를 뜻하는 바캉스란 단어는 '빈자리'란 뜻의 라틴어 'Vanous'와 '무엇으로부터 자유로워지는 것'을 뜻하는 'Vacatio'에 그 어원을 두고 있다.

프랑스의 여름 휴가시즌을 보면, 파리 시내는 텅텅 비어버린다(대신에 외국인 관광객들이 꽉 들어차지만). 그리고 '무엇으로부터' 자유로워진다. 바로 '개'다. 평소에는 개를 사랑하며, 개를 위해서는 생명도 걸듯이 호들갑을 떠는 그들이지만 여름 휴가철이 가까워지면 개를 맡길 곳이 없어서, 혹은 '개 호텔비'가 아까워서 개를 버린다. 이 버려진 개들 때문에 여름 휴가철 내내 파리는 몸살을 앓는다.

극히 일부의 몰상식한 반려인들의 문제라고 애써 그 의미를 축소할 수도 있겠지만, 의미를 축소하기에는 그 개들의 숫자가 만만찮다. 그들도 반려견이라는 단어를 사용하기에는 낯부끄러운 반려인들이 많은 것 같다.

굳이 프랑스 이야기를 꺼낸 이유는 우리가 쉽게 말하는 반려견이라는 말의 무게감을 느껴보기 위해서다. 반려라 하는 것은 평생을 함께하는 동무일 수도 있고, 동반자일 수도 있다. 지금 당신의 개를 그렇게 바라보고 있는가?

"개 키우는 데
이렇게 돈이 드는 줄
몰랐어요."

개를 대하는 것에 대해 높은 도덕적 잣대와 윤리적인 성찰을 요구하는 건 아니다. 반려인들에게는 각자의 사정이 있고, 저마다의 가치관이 있다. 다만, 내가 말하고 싶은 건 '생각 없음'이다. 많은 사람들이 생각 없이 혹은 깊은 고민 없이 반려인의 대열에 합류한다.

"개 키우는 데 이렇게 돈이 많이 드는 줄 몰랐어요."

"개가 이렇게 사람을 귀찮게 하는 줄 몰랐어요."

"개를 데리고 움직이는 게 이렇게 힘든 줄 몰랐어요."

개를 분양받을 때까지는 인터넷 속에서 확인한 예쁜 개 사진만 보거나, 쇼윈도 안에서 재롱 떠는 깜찍한 개만 보게 된다. 그러나 막상 개를 분양받은 다음부터는 현실이 기다리고 있다. 당장 개 예방접종은 어떤가? 한번 동물병원을 가면, 아무리 적게 잡아도 3만 원이 넘는 영수증을 받아들어야 한다. 개 사료 한 포대 정도면 몇 달을 간다는 말만 믿고, 덜컥 개를 분양받는다. 인터넷 사이트를 들어가보면, 키우다 포기한 사람들이 반려견용품까지 덤으로 끼워서 '1+1'으로 개를 다시 넘기는 걸 종종 목격하게 된다.

"반려견용품까지 있으면, 사료 값만 들어가면 되는 거네?"

정말 가벼운 마음으로 클릭을 하고, 연락을 한다. 그러나 그 뒤에 기다리고 있는 '생명의 무게'에 대해서는 판단을 하지 못하고 있다. 아니, 그런 게 있는 줄도 모르는 경우도 많다. 이들의 무지와 가벼움을 탓하고 싶지는 않다. 우리는 언제부터인가 모든 가치를 '돈'으로 판단하는 세상에 적응해 살고 있다. 덕분에 우리의 가치판단 기준은 숫자가 됐고, 생명 역시도 그 숫자에 맞춰 판단하게 됐다. 숫자에 딸려오는 '불편함'과 '책임감'을 교육시킬 수 있는 여건도, 의지도 안 돼 있는 것이다.

"생명은 살아 있는 장난감이 아니다. 뒤에 기다리고 있는 '생명의 무게'에 대해서 깊은 고민이 없다면, 단언컨대 우리는 개를 키울 자격이 없다."

"개 키우는 데 이렇게 돈이 드는 줄 몰랐어요."

사회적으로 문제가 되는 유기견 문제도 따지고 들어가면, 이런 교육의 부재와 생각의 짧음에서 비롯한 것이라고 할 수 있다. 그리고 이 모든 문제의 결론은 한가지로 수렴한다.

'생명을 살아 있는 장난감으로 바라보는 문화.'

겉으로는 반려견을 말하지만, 아직까지 우리 반려견 문화는 애완견(愛玩犬)에 무게중심이 쏠려 있다. 몇 년 전에 비하면 우리의 인식은 놀라울 정도로 발전했다. 처음에는 말도 많았던, 산책 때 배변봉투를 챙기는 것에 대해서는 이제 거의 모든 반려인들이 상식으로 받아들이고 있다. 이마저도 실은 놀라운 발전이다.

"내 개의 흔적은 내가 책임진다."

책임감과 의식의 성장이다. 그럼에도 전체적인 반려견 문화에 대해서 점수를 매긴다면, 10점 만점에 4점 정도에 불과하다. 처음 개를 키우는 이들의 생각이 애완인지 반려인지에 대한 논의는 아마도 세월이 흐르면 자연스럽게 정리될 문제다. 이건 사회구성원 전체가 어떤 가치관을 가지고 살아가느냐에 좌우되는 문제다. 즉, 우리 사회 전체의 인식이 얼마나 발전하느냐의 문제란 소리다. 생명에 대한 가치관이 점점 더 확립되고, 사람의 가치, 그러니까 생명에 대한 존중과 인권에 대한 의식이 높아지면 자연스럽게 생명에 대한 인식도 변화하는 것이다. 물론, 자본주의 체제하에서 모든 가치를 숫자로 치환해버리는 물신주의가 팽배해 있긴 하지만, 지난 20여 년 전의 인권과 동물보호에 대한 인식을 기준으로 본다면, 분명 우리 사회는 발전해 나가고 있다. 그리고 앞으로도 더 발전할 것이라 믿고 있다.

정작 문제는 반려인을 자처하는 이들의 인식 수준이다. 앞서 내가 10점 만점에 4점을 준 기준은 반려견 선진국의 잣대를 적용한 것이 아니다. 우리 반려견 문화에서 가장 부족한 것은 상대방에 대한 '배려의 부족'이다. 이 책의 도입부에 '남'을 의식하는 우리의 반려견 문화에 대해 이야기했는데, 이제는 정반대의 이야기다. 한마디로 정리하면 이렇다.

'우리는 타인과의 관계 설정에 서툴다.'

"개 키우는 데 이렇게 돈이 드는 줄 몰랐어요."

남의 눈치는 많이 보면서, 정작 배려가 필요한 시기에는 남을 외면하는 모습을 자주 보인다. 어떨 때는 넘쳐나고, 어떨 때는 부족한 요상한 상황이다. 대표적인 배려 부족의 예가 바로 '접촉'이다. 길을 걷다 귀엽고 깜찍하게 생긴 강아지를 보면, 우리나라 사람들은 자연스럽게 개를 만진다(반려인이든, 비반려인이든 말이다). 예전 시골 어르신들이 귀여운 아이를 보면, 이렇게 말씀하시곤 했다.

"어디 고추 여문지 한번 보자."

그러나 예전에는 통용될 수 있는 행동이었을망정, 요즘 같은 시절에는 당장 소아 성추행으로 법정에 서야 할 행동이다. 사람에 대한 스킨십이 이제야 겨우 수습(?)되고 있는 상황이기에 이를 개에게까지 적용하는 것이 어려울 것이다. 개를 만지는 사람의 입장에서는 다른 이유 없이 '예뻐서'이다.

"개가 예뻐서 그런 건데, 너무 야박한 게 아닌가?"
"귀엽다고 쓰다듬는 건데, 개도 좋아할 것이다."

이렇게 항변하겠지만, 이는 잘못된 생각이다. 개가 좋아할 것이란 판단은 사람의 자의적인 판단이다. 만약 직장상사가 부하직원에게 '너도 좋아하지 않느냐?'라고 몸을 쓰다듬는다면, 과연 부하직원이 좋아할까? 기본적으로 타인의 개를 허락 없이 만지는 건 잘못된 행동이다. 정말 만지고 싶다면, 주인의 허락을 구한 다음에 만져야 한다. 누군가에게는 호의의 표현이겠지만, 다른 누군가에게 이 호의가 악의로 변질돼 그 사람을 죽일 수도 있다.

맹인안내견이 있다. 시각장애인에게 맹인안내견은 생명 그 자체다. 맹인안내견이 길을 잃거나 혼란을 겪으면, 안내견에 의

지하는 시각장애인의 생명 자체가 흔들린다. 그런데 사람들은 맹인안내견이 신기하다고, 예쁘다고, 심지어는 충직한 모습에 반해 '격려' 차원에서 맹인안내견을 만진다. 이렇게 계속 사람들이 만지다 보면, 개는 스트레스를 받고 혼란스러워한다. 이런 상황을 어떻게 설명해야 할까? 모르기 때문이라면, 지금부터라도 이런 '문화'를 만들어가야 할 것이고, 알면서도 그렇다면 우리의 이기심이 극에 달했다고 한탄해야 할 것이다. 적어도, 아직까지는 거기까지는 가지 않았다고 애써 자위해본다. 앞으로라도 개를 함부로 만지지 않는 문화가 정착이 됐으면 한다.

"개 키우는 데 이렇게 돈이 드는 줄 몰랐어요."

같은 의미로 발정기에 있는 개를 잘못 관리해 타인의 개를 임신시키는 경우다. 이 경우는 100퍼센트 보호자의 잘못이다. 역시나 배려의 부족이다. 우리는 이상하게도 남에게는 엄격한 잣대를 들이밀면서, 자기 자신에게는 인간미를 내세워 '단순한 실수'라며 변명하는 걸 볼 수 있다. 특히나 개와 관계된 일에서는 '동물의 본능'이나 '관리의 한계'를 말하며 자신의 실수를 무마한다.

배려의 부족이다. 내 개를 대하듯 남의 개를 대한다면, 이런 일은 일어나지 않을 것이다. 결국은 내 개는 반려견이고, 남의 개는 애완견이 되는 것이다. 내가 우리나라의 반려견 문화를 10점 만점에 4점을 준 이유는 바로 여기에 있다. 만약 우리가 서로의 개를 배려하고 상대방을 존중한다면, 우리 반려견 문화는 7점대 이상으로 올라갈 것이다. 그리고 이런 행동 하나하나가 모여진다면, 우리사회의 생명에 대한 존중의식도 발전할 것이다. 결국은 우리 스스로가 바뀌어야 하는 것이다.

07

나의 사랑을 타인에게 강요할 수 없다

반려견의 역사에서 조금 극단적인 예를 하나 들어보자. 일본 에도막부 시절의 이야기다. 5대 쇼군이었던 도쿠가와 츠나요시에 관한 이야기다. 일본에서는 이누쿠보(犬公方)라 불렸던 인물이다. 에도막부가 사회경제적으로 안정기에 오르던 시절 쇼군직에 올랐던 츠나요시에게는 한 가지 문제가 있었다. 바로 그의 대를 이을 후사가 없었던 것이다. 이때 그의 어머니가 총애하던 류코우(隆光)라는 승려의 영향으로, 이상한(!) 믿음을 갖게 된다.

"불살(不殺)로 덕을 쌓으면, 후사를 얻게 될 것이다."

덤으로 이런 불살의 공덕이 어머니의 극락왕생에도 도움이 될 것이라는 확신까지 더해지면서 코미디와 같은 불살법(不殺法)이 반포되게 된다. 당시 상황을 잠시 살펴보면 이렇다.

"개 키우는 데 이렇게 돈이 드는 줄 몰랐어요."

1687년 2월 27일. 닭, 거북이, 조개류를 포함, 어류 및 조류를 먹는 것을 금지함
1687년 4월 9일. 병이 난 말을 버린 무사시노쿠니의 주민 10명을 귀양 보냄
1689년 10월 4일. 평정소(최고재판소) 앞에서 개가 싸우다 죽었기 때문에 관원들이 벌을 받음
1691년 10월 24일. 개, 고양이, 쥐 등에게 재주를 가르쳐 구경거리로 하는 것을 금함
1696년 8월 6일. 개를 도살한 자를 밀고한 자에게 30냥을 내릴 것을 명함

재미있는 것만 몇 가지 간추려본 것이다. 불법의 포고령은 시간이 갈수록 강화돼서 수많은 포고령이 남발됐다. 당시 불살법

의 여파는 어마어마했는데, 개를 때리거나 죽이는 건 금지됐고, 개의 자연수명이 다 돼 죽은 경우에는 주인이 직접 좋은 장지를 골라 묻어줘야 했다. 나중에는 호적대장을 만들어 개를 관리했고, 에도성 근교에 약 20만 평의 개집도 지어줬다. 전국의 떠돌이 개들을 치료하고 먹여주는 관청을 만들었는데, 이때 소요된 비용만 연간 9만 냥이었다고 한다. 당시 에도막부의 1년 세입이 80만 냥이었다는 걸 고려하면 엄청난 금액임을 짐작할 수 있다.

사람이 굶어죽던 시절에도 개를 먹이고 치료하는 데 이 정도의 돈을 썼으니, 나라꼴이 제대로 돌아갔을 리 만무하다. 당시 츠나요시는 개의 야간 산책을 위한 관리를 따로 뒀고, 야간 산책 시에는 꼭 고래기름 등불을 밝히라는 명령까지 내리게 된다.

당시 츠나요시가 이렇게 개를 총애했던 이유는 자신이 12간지 중에서 '개띠'였기 때문이다. 당연히 백성들의 원성은 자자해졌고, 혹시나 기르던 개에게 실수를 할까 봐 개를 키우던 많은 이들이 몰래 자신의 개를 버리게 된다. 개를 위한 행동이 오히려 개를 불행하게 한 것이다.

또 다른 이야기가 있다. 몇 년 전 일이다. 결혼정보회사 닥스클럽에서 설문 조사를 한 적이 있다.

"반려동물을 키우겠다는 연인과의 결혼을 찬성하는가?"

이 질문을 미혼남녀 328명에게 던졌다. 이 설문조사의 결과가 내게는 자못 충격적이었다. 전체 남성 응답자 가운데 28.3퍼센트만이 '결혼할 수 있다.'고 답했다. 반면, 여성의 경우에는 56.3퍼센트가 반려동물을 키우는 연인과의 결혼에 긍정적인 반응을 보였다. 반대로 반려동물을 반대하는 연인과 결혼할 수 있겠느냐는 질문에 10명 중 8명에 해당하는 81.2퍼센트가 '결혼할 수 없다.'고 대답했다. 이 중 52.4퍼센트는 '절대 결혼할 수 없다.'는 강경한 태도를 보이기까지 했다.

"개 키우는 데 이렇게 돈이 드는 줄 몰랐어요."

이 설문조사에 대해 많은 이들은 일종의 '토픽' 정도로 생각했는데, 나는 이 문제를 꽤 심각하게 받아들였다. 인간은 사회를 이루고 사는 동물이다. 사회를 떠나서 사람이 살 수 있을까? 우리의 삶은 주변 사람들의 도움과 협력으로 이루어진다. 그런데 개를 좋아한다는 이유만으로 주변인들에게 배척을 받는다면, 우리의 삶이 온전할 수 있을까? 더 나아가서 우리가 키우는 개들이 행복할 수 있을까란 질문을 던져보자. 주변의 질시와 날선 눈빛 앞에서 과연 행복이 찾아올 수 있을까? 행복은 더불어 나눌 때 더 커지는 것이다. 왜 반려동물을 키우는 사람은 결혼 대상에서 제외되는 것일까? 그 이유를 고민해봤다.

첫째, 개나 반려동물을 싫어하는 것이다.
둘째, 반려동물을 키우는 사람들의 행동이 싫은 것이다.

내 나름대로 유추해본 두 가지 이유다. 하나씩 살펴보자.

첫째, 개나 반려동물을 선천적으로 싫어한다는 전제다. 처음부터 싫어하는 사람은 소수일 것이다. 자신의 삶과 연결되는 접점도 없을 뿐더러 피해를 주는 일도 없다. 그냥 보기에는 귀엽고 예쁜 동물일 뿐이다. 사람은 본능적으로 예쁜 것들에 대한 거부감이 없다. 사람은 본능적으로 '귀여운' 것을 좋아한다. 인간의 아기가 귀여운 것도 바로 이런 연유에서다. 조금 무서운 이야기지만, 인간의 생존본능이다. 귀엽다면, 부모와 어른들의 애정도가 올라갈 것이고, 이를 통해 자신의 생존율 높인다. 바로 동종의 어른들로부터 자신의 생명을 구하기 위한 일종의 생존 전략이란 것이다. 만약 이런 귀여움이 없다면, 자연계에서 흔히 일어나는 존속살해의 위험을 회피할 수단은 없다. 거짓말 같지만, 실제로 자연계에서는 이런 일이 비일비재하다.

햄스터나 토끼와 같은 설치류의 경우 갓 태어난 새끼들을 엄마가 잡아먹는 일이 종종 있다. 이들이 이런 행동을 하는 이유에는 '귀여움의 부재'가 근저에 깔려 있다. 햄스터와 토끼의 새끼들은 태어난 순간에는 귀여움을 어필할 외모가 없다. 그냥 꾸물거리는 붉은색 '살덩어리'가 이들의 새끼다. 햄스터와 토끼의 어미는 이 순간 모성을 시험받게 된다. 이후 새끼들은 몇 시간 안에 자신의 모습을 최대한 '귀엽게' 보이도록 변신한다. 이 순간 아버지들은 자신의 새끼를 보며 없던 부성애도 쥐어짜내게 된다.

"개 키우는 데 이렇게 돈이 드는 줄 몰랐어요."

우리가 흔히 키우는 가정견들도 이와 비슷하다. 상대적으로 소형인 이들은 최대한 '귀여움'에 특화돼 있는 개체들이다(진화의 산물이라기보다는 브리더들의 노력에 의한 결과지만).

인터넷과 언론의 분위기, 거리에서 만나는 사람(특히 여성)들의 반응을 보면, 개 자체에 대한 거부감은 거의 없다고 보는 게 맞을 것이다.

"한번 키우고 싶다."

"반려견 문화에 대한 거부감은 개라는 동물에 대한 반감에 있지 않다. 개가 싫은 것이 아니라, 개를 키우는 사람들의 행동에 대한 거부감이 크다."

이러한 마음을 한번 씩은 가지지만, 주변 여건상 이를 실행에 옮기지 못하는 경우가 많다. 결론은 자신이 키우진 못하지만, 주변에서 지켜만 보는 선에서는 개에 대한 호의가 있다고 볼 수 있다. 그렇다면, 뭐가 문제일까? 바로 반감이다.

'반려인들의 평소 행동에 대한 반감.'

반려인들이 개를 키운다고 했을 때 어르신들의 반응 중 하나가 이랬다.

"굶어죽는 애들이 지천에 널려 있는데, 그런 데에 돈을 써?"

이 어르신들을 탓할 이유는 전혀 없다. 나이 드신 어르신들 중 대다수는 그들 삶의 가치관을 '생존'에 맞춰서 살아왔던 이들이다. 귀여움? 사랑? 삶의 만족? 이런 소리는 그분들에겐 팔자 좋은 소리로 들릴 수 있다. 이런 말이 있다.

"바쁜 꿀벌은 고민할 시간이 없다."

같은 맥락이다. 지난 한 세기 대한민국은 생존을 위해 쉼 없이 뛰어와야 했다. 그런 그들의 가치관 속에 반려견이란 말은 '사치'며, 심하게 말하자면 '돈지랄'이다. 이런 가치관을 변화시키겠다고? 최소한 50여 년 이상 삶의 가장자리에서 치열하게 달려온 이들에게 그걸 요구한다는 것 자체가 어불성설이다. 그렇다면 혼인 적령기의 남성들이 개를 싫어하는 이유는 뭘까?

"개 키우는 데 이렇게 돈이 드는 줄 몰랐어요."

간단하다. 남녀의 차이다. 현대 자본주의 체제하에서 소비의 주체는 누구일까? 바로 여자다. 남자의 소비는 단순하다. 요즘의 경우는 그나마 좀 나아져서 개인의 취미나 여행등과 같은 레저 활동에 돈을 쓰지만, 남성 소비의 대부분은 재화나 즉물적인 효과에 치중한다. 즉, 단순하게 효용이 드러나는 것에 돈을 쓴다. 단적인 예로, 예전 코엑스에서 상연하던 뮤지컬을 보러 간 적이 있었는데, 인터 타임의 남자 화장실을 가보니 남자들이 인상을 쓰며 잔뜩 모여 있었다. 뮤지컬 같은 것에 돈을 쓰는 이유를 모르겠다는 표정이었다. 이들이 뮤지컬을 보는 이유는 간단하다. 여자 친구가 이걸 보고 싶어 하기 때문이다. 그 좁은 화장실에 모여 있는 남자들의 표정에는 '뮤지컬은 돈 낭비'라는 생각이 묻어났다. 물론, 이날 모인 남자들의 뮤지컬 선호도가 전체 남성을 대변할 수도 없고, 내가 읽은 표정이 속마음을 꿰뚫어본 마음이라 단정할 수도 없지만, 문화사업의 주 소비자들이 여성이란 사실을 부정할 수는 없다. 한국 남성들이 돈을 쓰는 대부분의 용처는 '관계'와 '술'이다. 이들에게 '귀여움'이나 '사랑'과 같은 추상적인 가치를 설명하는 건 어렵다.

문제는 여기에 반려인들의 '행동'이 추가되면서 많은 이들의 공분을 자아낸 것이다. 대표적인 예가 2005년에 있었던 '개똥녀 사건'이다. 사건의 개요는 간단했다. 지하철 2호선에서 개를 데리고 탑승했던 여성이 있었는데, 이 여성의 개가 설사를 했다. 당황한 여성은 어쩔 줄 몰라 하다가 개똥을 치우지 않고 다음 역인 아현역에서 내린 것이다. 이걸 옆에 있던 할아버지가 손수 치웠다. 문제는 이때 이걸 누군가가 사진을 찍었고, 이 사진이 삽시간에 퍼져나갔다. 결국 방송을 포함한 모든 언론매체에서 이 사건을 다뤘고, 심지어는 바다 건너 미국의 〈워싱턴포스트〉까지 이 사건이 소개될 만큼 유명세를 탔다.

1차적인 문제는 그 여성에게 있는 것이 맞다. 개를 평소에 자신의 자식처럼 여겼을 것이다. 그러나 정작 문제가 터지자 이를 회피했다. 부모는 자기 자식이 저지른 잘못도 책임지는 존재다. 왜? 부모이기 때문이다. 미성년의 경우에는 100퍼센트의 부모 관리하에 있고, 성인이 되고 나서는 법적인 책임에서는 벗어날 수 있지만, 도의적인 책임을 지는 것이 부모다. 반려견은 그럼 어떤 존재일까?

'개는 죽는 그 순간까지 미성년인 자식이다.'

"개 키우는 데 이렇게 돈이 드는 줄 몰랐어요."

한 10년 전 있었던 일이다. 알고 지내던 드라마 작가의 이야기다. 그녀는 20년 지기 친구의 집들이에 초대를 받았다. 문제는 이 작가에게는 개 한 마리가 있었는데, 집에 혼자 두는 것이 마음에 걸려서 친구에게 미리 양해를 구하고 개를 데리고 방문을 했다. 한창 즐거운 시간을 보내는데, 덜컥 문제가 터졌다. 데리고 간 개가 이 집 소파에 피를 묻힌 것이다. 몇 방울에 불과했지만 예상치 못한 생리혈에 작가는 어쩔 줄 몰라 하며 당황했다. 그녀는 개의 뒤처리를 하고, 양해를 구한 후 황급히 친구 집을 나섰다.

"너무 미안해. 우리 ×× 달거리 날짜를 내가 신경 썼어야 하는데, 미안해. 먼저 가볼게. 그리고 소파 세탁은 내가 책임질 테니까 신경 쓰지 마. 너무 미안해."

그녀는 그 일이 있고 얼마 뒤에 케이크와 봉투 하나를 들고 직접 친구를 찾아가 사과를 했다. 그러고는 받지 않겠다고 버티는 친구에게 "애 장난감이라도 사줘."라며 억지로 봉투를 안겼다. 한참 후에 작가에게 물었다. 20년 지기 친구인데, 그렇게까지 할 필요가 있느냐고.

"○○이는 개를 키우지 않는 사람이예요. 아무리 내 친구라지만, 불쾌한 감정이 들 수밖에 없죠. 물론, 친구라고 미안하다고 말하면 해결될 문제고 ○○이도 마음 쓰지 않을 사건이지만, 그 애 머릿속에는 나쁜 기억이 남아 있을 거예요. 저에 대한 특별히 나쁜 감정은 없겠지만, 반려인들에 대한 감정은 남아 있을 거예요. 나 하나 때문에 다른 반려인들에 대한 편견을 가지면, 그 책임을 누가 지죠? 그리고 ○○이한테 평소에 ××는 내 자식이라고 말했는데, 자식 실수를 못 본 척하고 넘기는 부모를 뭐라고 생각하겠어요?"

신선한 대답이었다. 평소에는 '내 새끼'라고, '내 자식'이라고 말하지만, 정작 책임져야 할 일이 생기면 회피하는 사람이 많은 시대에 이런 반려인을 곁에 두고 있다는 사실 하나만으로도 뿌듯했던 순간이었다. 당연한 일이지만, 이 당연한 일을 당연하게 하는 사람들을 보기 힘든 세상이다.

반려인들에 대한 비반려인들의 시선은 어쩌면, 10년 전 있었던 '개똥녀 사건'에서 멈춰 있는지도 모른다. 지금은 그래도 배변 봉투를 챙겨 산책을 가는 것이 상식이 될 만큼 인식이 변했지만, 여전히 유별난 반려인들에 대한 시선은 곱지 않다. 지금도 공원 등에 가보면, 종종 방치돼 있는 개똥들을 볼 수 있다. 아직 인격적으로 덜 성숙한 반려인들이 존재하고 있는 게 지금의 우리 현실이다.

"개 키우는 데 이렇게 돈이 드는 줄 몰랐어요."

이런 상황에서 비반려인들의 돈에 대한 상식을 넘어서는 애견용품이나 개 분양 가격을 보면, 반발 심리는 더 커질 수밖에 없다. 문제는 반려인들의 인식과 행동이 성숙해졌다고 해서 이런 서로 간에 간극이 해결될 수는 없다는 것이다. 개똥을 잘 치우고, 공공장소에서 반려견들이 문제를 일으키는 걸 통제하는 건 필요조건일 뿐이다. 즉, 당연히 해야 할 일을 하는 것이다.

이 상황에서 반려인들은 볼멘소리를 한다.

"내 개가 다른 사람들에게 피해를 준 적은 없다. 아니, 오히려 아이들이 개를 따르고 좋아한다. 그런데도 개똥녀 취급을 받는 건 억울하다."

맞는 소리다. 그러나 이건 반려인들이 감내해야 할 일이다. 원래 인간의 생활공간에 개라는 이질적인 '종'이 들어와 생활을 하는 것이 지금의 형국이다. 그렇다면, 이들에게 양해를 구해야 하는 것이 절차다. 아니라면? 반려인들의 올바른 모습을 보며, 개를 키우는 것이 건전하고 좋은 행동이구나, 라는 인식을 심어줌으로써 사회 전체적으로 반려인들과 개에 대한 인식을 바꿔놓아야 한다. 이는 다른 나라도 마찬가지겠지만, 한국에서 더 절실하게 필요한 일이다. 앞에서도 언급했지만, 우리 사회는 남에 대한 관심이 퍽이나 많은 사회다. 타인의 행동을 면밀하게 관찰하는 사회이기에 작은 행동 하나하나를 다 주시한다. 게다가 소셜 미디어가 매우 발달한 상황에서 작은 실수 하나가 걷잡을 수 없이 퍼져나가 사회적 여론을 형성하곤 한다.

이는 위기이면서 기회일 수도 있다. 작은 소식도 빨리 퍼져나가는 사회 시스템이라면, 반려인들의 '올바른 모습'도 더 많이 노출되고 전파된다는 의미다. 개인적으로 반려견에 대한 사회인식을 말할 때 예를 드는 외국 사례가 하나 있다. 바로 미국이다.

국내에도 많이 알려진 일이지만, 미국의 대통령은 누가 됐든지 간에 반려인(?)들 중 한 명이 뽑힌다. 어지간해서 미국 대통령은 기본적으로 개를 사랑하고 좋아하기 때문이다. 대통령 전용 헬기인 마린 원(Marrin One)에서 내리면, 자기를 수행해준 해병대원들에게 거수경례를 한 다음, 미리 대기하고 있던 수행비서가 건네 준 목줄을 받아들고는 개와 함께 백악관 잔디밭을 걸어간다.

"개 키우는 데 이렇게 돈이 드는 줄 몰랐어요."

미국 대통령들은 모두 개를 사랑하는 걸까? 그랬으면 좋겠지만, 모두 다 개를 좋아해서 키우는 건 아니다. 대통령이 진정으로 신경 쓰는 건 전체 미국 가구의 39퍼센트가 개를 키운다는 사실이다. 인구 10명당 2.6마리의 개가 있고, 개를 키우는 가구당 평균 1.7마리의 개를 키우고 있다는 사실이다(2009년 기준). 개를 키우는 가구가 전체 가구의 40퍼센트에 달한다는 건 대통령 후보자, 그리고 대통령에게는 엄청난 '부담'이 된다. 자칫 잘못해 이들을 적으로 돌린다면 대통령 선거는 물 건너가기 때문이다.

이 때문에 미국 대통령 출마를 선언한 정치인이나, 대통령들은 언제나 반려인이 될 수밖에 없다. 그리고 백악관에 입성하고 나서는 대통령의 개인 퍼스트 도그(The First Dog)를 선정한다. 이 개들은 순전히 정치적인 목적으로 선발돼서 백악관에 입성하게 된다. 정치적인 목적으로 선발됐기에 그 사연도 구구절절하다. 어떤 개는 조상 중에 대단한 활약을 했던 개도 있고, 주인에게 버림받은 아픈 사연도 있다. 아니면, 대통령의 가족사나 과거사 중에 연결고리를 찾아 정치적인 '메시지'를 줄 수 있는 개를 뽑는다.

이렇게 뽑히고 나면, 그 다음은 국민들이 화답할 차례다. 퍼스트 도그로 선정된 품종의 개는 인기 견종이 돼서 품귀현상이 벌어지고, 퍼스트 도그가 먹는 사료는 순식간에 동이 나고 만다. 이 이야기의 핵심은 간단하다.

"반려인들의 힘이 강해지면, 자연히 반려인을 바라보는 시선이 달라진다."

반려인이 늘어나고, 그 목소리가 높아지면 정치권에서 먼저 반려인을 찾는다. 그런 순간이 찾아올 때쯤 되면 반려인들은 주변 눈치를 보지 않고, 마음껏 자신의 개를 사랑할 수 있는 환경이 조성될 것이다. 여기에 덤으로 반려견을 위한 여러 가지 사회 인프라도 갖춰질 것이다.

"반려인이 존중받는 사회는 결국, 반려인 스스로 분별 있고 사리에 맞는 행동에서 만들어진다. 그리고 반려인의 힘이 강해지면, 자연히 반려인을 바라보는 시선이 달라질 것이다."

그러면 그 이전까지 반려인들은 뭘 해야 할까? 열심히 반려인들의 숫자를 높여야 할까? 그것도 중요하겠지만, 이보다 더 중요한 건 반려인 각자가 분별 있고, 사리에 맞는 행동을 해야 한다. 아니, 우리가 당연한 것처럼 입에 올리는 반려견이란 말의 의미 그대로만 행동하면 된다. 인생의 동반자인 우리의 개들은 인간 세상에 들어와 사는 존재들이고, 인간 세상에서의 삶에 적용되는 규칙을 지키기에는 많은 난점이 있다. 물론, 훈련을 통해 적정 수준 이상의 행동수칙을 몸에 익힐 수 있을 것이다. 그러나 삶에는 언제나 '만약'이 존재한다. 그 만약의 상황에서 우리의 개들은 미성년자와 같은 존재다. 그렇다는 건 우리가 반려견에 대해 무한 책임을 져야 한다

"개 키우는 데 이렇게 돈이 드는 줄 몰랐어요."

는 의미다.

이런 노력들이 모이고, 반려인들의 목소리가 크게 확산된다면 일부 곱지 않은 시선도 많이 걷힐 것이다. 그때까지 우리는 반려인이란 이름 아래 우리의 반려견을 반려견답게 보호하고 관리해야 한다. 노파심에서 말하는 것이지만, 비반려인들에게 반려인의 기준을 적용하고, 그들의 가치관을 모욕하는 행동은 하지 말았으면 좋겠다.

우리의 사랑을 비반려인에게 강요할 어떠한 근거도 없다. 이건 가치관과 관련된 문제다. 잘못된 가치관이라면 수정해줄 사회적 책무가 있겠지만 이는 사회적 합의가 필요한 대목이다. 문제는 개를 좋아하지 않는 게 잘못된 가치관이라고 말할 근거가 있을까? 먼 훗날 대한민국이 개와 함께 살아가는 걸 당연하게 느끼는 사회가 되더라도 개를 사랑하지 않는 것에 대해 뭐라고 할 권리는 누구에게도 없다.

'사랑'은 지극히 개인적인 감정이다. 이걸 누군가에게 강요할 수는 없다. 반려인들의 행동이나 활동에 대해 사회적 '존중'과 '이해'를 구할 수는 있다(그런 시절이 빨리 오길 기대한다). 그러나 반려인이 개를 사랑한다고 그 사랑을 비반려인들에게 강요할 권리는 누구에게도 없다.

"반려인들의 개에 대한 사랑을 존중은 받되, 비반려인들에게 개에 대한 사랑을 강요할 순 없다."

그렇다면 어떻게 해야 할까? 당연하게도 존중받을 만한 행동을 해야 한다. 그게 개를 사랑하는 사람들의 '의무'다.

"개 키우는 데 이렇게 돈이 드는 줄 몰랐어요."

강압과 관용 사이, 그리고 훈련사의 수준

언론과의 인터뷰 세미나에서 많이 받는 질문 중 하나가 이런 것이다.

"한국 반려견 훈련사들의 수준은 외국과 비교해서 어느 정도인가요?"

우리나라 사람들은 외국과의 비교를 즐겨한다. 집착에 가까울 만큼 비교와 서양의 눈을 의식한다. 15세기 대항해 시대를 통해 서서히 동양을 추월하고, 18세기 산업혁명과 이를 기반으로 한 19세기의 제국주의 침략 과정을 통해 서구권 국가들이 세상의 기준이 됐다. 19세기 메이지 유신을 통해 근대화에 성공한 일본조차도 탈아입구(脫亞入歐)를 말하며, 자신들은 궁벽한 아시아에서 탈출해 서양 세계의 구성원이 됐다고 주장했다.

특히나 남과 비교하기 좋아하는 한국 사람들의 경우도 서양에 대해 콤플렉스를 가지고 있고(아시아 국가의 전통과 같은 느낌), 개인적 성취를 서양을 극복한 국가적 성취로 느끼는 경향이 있다. 해외로 진출한 스포츠 스타나 예술가, 학자 등등 이들에게 투영된 이미지는 늘 '구미열강'을 극복한 승리자로서의 이미지다.

"서양을 이겨낸 하나의 쾌거."

과거 권위주의 정부 시절 횡행했던, 국가주의의 잔향도 남아 있다. 어떤 분야에서 특정 국가가 세계 최고의 실력을 가지고 있다면, 그걸 기준으로 후발국가가 추격하는 건 목표 설정에 있어서 중요한 기준이 될 수 있다. 그러나 여기에는 여러 가지 변수가 있다.

박찬호 선수의 메이저리그 진출에 대해 이야기해보자. IMF 시절 박찬호 선수의 미국 진출은 국민들에게 하나의 희망이 돼줬다. 지금도 박찬호 선수가 거구의 미국 타자들을 시원하게 삼진으로 돌려세우는 걸 생각하면 묵은 체증이 내려가는 기분이다. 그러나 박찬호의 등장은 '이례적인 사건'이었다. 고등학교 야구부가 채 60개도 되지 않는 나라에서 나온 별종 같은 선수가 박찬호였다. 이들은 철저하게 야구선수로 길러져 온 존재들이었다. 공부는 아예 뒷전으로 밀어두고 오로지 야구만 할 줄 아는 야구기계처럼 키워진 것이다. 반면에 미국 야구부에는 야구 특기생이 없다. 이들에게는 야구 선수들의 수업 면제도 없고, 한 고등학교마다 야구팀이 3개씩인 것이 보통이다(신입생팀, 준 대표팀, 학교 대표팀). 이들은 풍부한 야구 시설과 100여 년이 넘게 이어져 내려온 야구 문화, 엄청난 야구 인구를 기반으로 30개의 메이저리그 팀을 운영한다.

"개 키우는 데
이렇게 돈이 드는 줄
몰랐어요."

박찬호 선수의 개인적 성취를 두고, 한국 야구의 수준을 메이저리그와 동급으로 보기엔 무리가 따른다는 의미다. 물론, 박찬호 선수 이전의 한국 야구 수준에 비하면 장족의 발전이며, 박찬호 선수가 성취한 기록은 한국 야구의 보물이란 사실은 부인할 필요는 없다.

다소 장황하게 이야기를 하는 건, 한국 반려견 문화와 개 훈련사에 대한 변명을 하기 위해서다. 우리가 좋아하는 그 '수치'로 이야기는 게 전달이 쉽기 때문이다.

"한국 훈련사들의 수준은 반려견 선진국이라고 할 수 있는 미국과 유럽에 비해 많이 뒤쳐져 있다."

이게 진실이다. 이에 대해 특별히 부끄럽지는 않다. 우리는 그들보다 시작이 늦었다. 1988년이 돼서야 먹는 개와 먹지 말아야 할 개를 구분한 게 우리 현실이다. 반면에 반려견 선진국들은 절대왕정 시절부터(그 이전에도) 반려견에 대한 인식이 있었고, 이들에 대한 미용과 관리, 훈련에 대한 노하우를 쌓아왔다. 이 '세월의 무게'를 한 번에 뛰어넘을 수는 없는 법이다.

한국의 반려견 문화가 본격적으로 시작된 것이 2002년 전후로 본다면, 지금 훈련사의 수준을 유럽이나 미국과 비교한다는 건 우물에서 숭늉을 찾는 격이라 할 수 있겠다. 반려견 선진국을 목표로 삼고 부단히 노력해야 하는 건 당연한 일이겠지만 말이다. 다행스런 일이라면, 훈련사들의 훈련 기술이 반려견 선진국 수준에 근접했다는 점이다. 이 대목에서 한 가지 자랑할 만한 것이 있다.

"행동교정에 있어서만은 외국 훈련사들과 어깨를 겨룰 만큼의 실력을 보유하고 있습니다."

단적인 예를 하나 들어보자. '무는 개'의 행동을 교정하는 것에 있어서 한국 훈련사들을 쫓아갈 만한 훈련사는 전 세계를 뒤져봐도 거의 없다. 반려견 선진국이라고 할 수 있는 미국에 가서도 '무는 개'의 행동을 교정할 훈련사를 찾기는 힘들다. 이유가 뭘까? 간단하다. 미국에서는 무는 개에 대해서는 냉정한 결론을 내리는 경우가 많다. 안타깝지만, 죽이는 경우가 더 많다.

'마견(White Dog)'이란 영화가 있다. 개를 주인공으로 한 영화 중에서 논란이 가장 많았던 영화가 바로 이 작품이다. 프랑스의 작가 로맹 가리가 쓴 실화 소설이 원작이었는데, 이 영화를 보면 행동교정훈련의 기본이 소개되어 있다.

작품의 내용은 심오하지만 단순하다. 미국 땅에 아직 노예가 존재하던 시절, 탈출 노예를 추적하기 위한 개들이 만들어지게(!)

되는데, 흑인들에 대한 공격성을 극한으로 끌어올린 게 바로 화이트 도그다. 문제는 남북 전쟁이 끝나고 노예 해방이 됐음에도, 이 화이트 도그들은 계속해서 만들어졌다. 알코올 중독자나 마약 중독자 흑인을 찾아 몇 푼의 돈을 쥐어준 다음 끊임없이 '화이트 도그'로 낙점된 개를 때리게 만든다. 아주 단순한 훈련법이었다. 어린 시절부터 흑인들에게 학대받은 기억을 가진 화이트 도그는 그 기억들을 켜켜이 쌓아가며 흑인들에 대한 맹목적인 증오심을 불태우게 된다. 성견이 된 이후에는 흑인들만 보면 반사적으로 공격하게 하는 방식이다.

영화는 이렇게 화이트 도그로 만들어진 흰색 저먼 셰퍼드(German Shepherd)를 흑인 훈련사 키스(Keys)가 '정상'으로 되돌려놓는 내용이다. 이때, 키스가 한 말이 인상적이다.

"5주 안에 교화시키지 못하면, 내가 직접 죽이겠다."

미국에서 사람을 무는 개를 어떻게 대하는지 단적으로 확인할 수 있는 대목이다. 인권에 대한 기준치가 다르다고 해야 할까? 개를 사랑하는 마음, 개와 함께하는 문화가 발달했지만, 사람을 무는 개에게 인정(人情)이나 관용을 말하는 모습을 찾기는 힘들다.

그러나 우리의 경우에는 다르다. 무는 개에 대한 사람들의 인식은 미국처럼 심각하지 않다. 아울러 훈련사들도 포기보다 '갱생'에 초점을 맞추고 있다. 그러다 보니 강한 제재 방법을 사용하는 경우가 있다. 무는 개를 죽이는 것이 옳을까, 아니면 무는 개를 훈련시키는 것이 옳을까? 어떤 것이 옳은지에 대해서는 각자 판단의 몫이다. 미국과 한국의 문화적 차이와 환경적 특수성을 고려해봐야 한다.

"개 키우는 데 이렇게 돈이 드는 줄 몰랐어요."

이야기를 좀 더 확장해보자. 우리가 반려견 선진국이라 말하는 서구의 훈련사들 중에서는 우리의 시각으로 보기엔 '강압적'으로 보이는 훈련도구를 사용하는 경우도 있다. 핀치칼라나 초크체인이 꼭 필요하다고(핀치칼라 예찬론을 펼치는 훈련사도 있다) 주장하는 경우다. 사랑으로 개를 대하고, 개를 인생의 반려자로 생각하는 그들이 '강압적인 도구'로 지탄을 받는 핀치칼라를 쓰는 이유가 뭘까? 아니, 핀치칼라 예찬론을 펼치는 이유가 뭘까?

"이것이 개와 사람을 위한 최선의 방법이라 생각한다."

그들은 그들만의 확고한 철학이 있었다.

"아무런 도구 없이 '난폭해진' 그레이트 데인(Great Dane)을 컨트롤할 수 있을까?"

'개의 왕'이라 불리는 그레이트 데인. 과거 멧돼지 사냥에 활용되던 견종이다. 성견의 경우 체고 70cm에 몸무게가 60kg에 육박하는 이 육중한 개를 인간이 아무런 도구 없이 다루기란 쉽지 않다. 물론, 다른 훈련법도 있고, 핀치칼라를 쓰지 않고도 개와 함께 지낼 수 있다는 훈련사도 많다. 여기서 핀치칼라가 필요 없다는 훈련사들의 주장을 들어보자.

"안정된 심리상태를 유지한 상태에서 어린 시절부터 체계적인 훈련을 한다면, 핀치칼라와 같은 강압적인 수단을 사용하지 않더라도 인간과 공존할 수 있다."

틀린 말은 아니다. 반면에 핀치칼라를 사용해야 한다고 주장하는 훈련사들은 이렇게 말한다.

"돌발적인 상황에서 흥분한 개를 컨트롤할 수 없는 경우에는 어떤 식으로 개를 통제할 것인가? 만약 흥분 상태에서 주변에 사람이 있다면, 피해를 줄 확률이 높다. 만에 하나를 생각한다면 통제가 필요하다. 반려견으로서의 대형견은 '개'이지만, 흥분 상태에서의 대형견은 '야수'로 보는 것이 맞다."

"개 키우는 데 이렇게 돈이 드는 줄 몰랐어요."

어떤 게 옳은지에 대해서는 섣불리 결론을 내릴 수 없다. 아니, 각자의 방법과 논리가 있다고 보는 것이 옳다고 본다. 바로 이 대목이 우리가 주목해봐야 할 부분이다. 오랜 세월 개 훈련에 대한 정보를 축적해온 이들이기에 정말 여러 가지 연구와 주장, 그리고 이를 근거로 한 훈련 철학이 반려견 선진국에는 있다. 핀치칼라가 나쁘다 좋다를 떠나서, 그 필요성에 대한 저마다의 주장이 있고, 만약 사용을 한다면 그 목적과 범위에 대한 설명과 이해가 있다.

긍정 강화 훈련을 핵심으로 삼는 경우에는 강압적인 수단에 대해 고개를 가로젓지만, 그 반대의 훈련법에 대한 존중이 있다. 아울러 반려인들 사이에서도 이에 대한 폭넓은 이해가 있다. 즉, 충분한 이해 후 그 안에서 취사선택을 하는 것이다.

솔직히 말해서 어느 하나의 훈련법만으로 개를 상대한다는 건 구시대적인 생각이다. 거의 대부분의 훈련사들은 기존의 훈련법 중에서 취사선택하거나, 훈련의 순서를 뒤바꿔 개들을 상대한다. 다만, 여기서 중요한 것은 훈련의 뼈대가 되는 '철학'이다. 누군가는 사랑을 최우선으로 해서 긍정 강화를 주(主)로 하고, 그 나머지 훈련법을 상황에 맞게 재배치하는 식으로 훈련을 한다. 또 다른 이는 견종에 따라 강압적인 훈련법을 사용해야 한다고 주장할 수도 있다.

미국에서 만나본 훈련사 중 한 명은 핀치칼라를 쓰는 자신의 훈련법에 대해 강변을 했다. 자신의 방법을 나쁘다고 말할 수도 있지만, 행동교정을 위해, 대형견의 통제를 위해 필요하다는 논리였다. 물론, 이러한 주장에 따르는 훈련사는 전체 중에서 소수인 건 어쩔 수 없는 사실이다. 그러나 이 훈련사는 스스로에 대한 납득할 만한 근거와 철학이 있었다.

"훈련이란 지루한 반복과 재미없는 인내의 연속이다. 일정 수준의 제재나 벌칙이 들어가는 건 어떤 훈련이든 마찬가지다. 짧지만 격렬한 훈련을 하는 것과 저강도의 긴 훈련을 하는 것 중 어떤 게 개에게 도움이 되는 걸까?"

그는 전자를 선택했다. 이는 한국에서도 많은 논란이 일고 있는 문제다. 나는 이런 논란이 발생하는 게 올바른 일이라고 생각한다. 논란이 일어난다는 건 곧 다양성이 존재하고, 그 다양성 속에서 어떤 게 옳은지에 대한 논의가 진행된다는 의미가 아닌가?

"개 키우는 데
이렇게 돈이 드는 줄
몰랐어요."

서로에 대한 존중, 확실한 논리적 근거, 훈련사의 훈련에 대한 철학이 전제돼야 하는 일이다. 이 3가지 조건만 충족된다면 이런 논의는 언제나 환영할 만한 일이다. 외국 훈련사들의 모습이 정말 부러운 것은 그들이 저마다의 철학을 가지고, 각자의 방법으로 개를 훈련하거나 대한다는 것. 그리고 이런 훈련사들끼리 서로 존중한다는 것이다. 어쩌면, 개 훈련법은 사회의 인식 변화나 유행에 따라 변화하는 것인지도 모른다.

"태양 아래 새로운 것은 없다."

이미 익숙한 성경 글귀다. 독창성이란 들키지 않은 표절이란 말처럼 인간이 만들어낸 수많은 문명의 이기들 중 태양 아래 새로운 것은 없다. 우리가 그렇게 열광했던 스티브 잡스의 아이폰도 기존의 기술을 조합했던 것에 불과하다. 문제는 그 안에 어떤 철학을 담고, 어떻게 편집하느냐의 승부다.

대한민국 반려견 훈련사들의 습득 능력은 여타의 다른 나라 훈련사들의 그것과 비교해 동등 그 이상이다. '편집' 능력도 최근에 들어선 상당한 수준으로 올라섰다. 여기서 말하는 편집 능력이란 몇 개의 훈련법을 상황에 맞춰 적용하는 것을 의미한다.

그렇다면, 우리 훈련사들에게 가장 부족한 점은 무엇일까? 바로 훈련에 대한 철학이다. 이건 의지의 문제도, 수준의 문제도, 기술의 문제도 아니다. 바로 경험과 시간의 차이다. 철학이란 쉽게 표현하자면, 그 시대의 고민에 대한 해결책 제시라 말할 수 있다. 지금 우리나라 반려견 문화에 대한 고민, 그리고 그 고민에 대한 통찰이다. 여기에 더해 이 통찰을 기반으로 한 해결책 제시다.

한국과 반려견 선진국의 차이는 바로 여기에 있는 것 같다. 선진국의 경우는 반려견의 역사만큼이나 많은 훈련법과 경험, 시행착오들이 있었고, 그 과정 동안 고민하는 시간들이 있었다. 그러나 후발주자인 우리나라는 지금까지 선진 훈련법의 습득에 골몰했었다. 이게 잘못된 건 아니다. 따라가기 위해선 먼저 배워야 한다. 그 다음이 이를 소화하고 우리 것으로 만드는 과정이다. 분명히 말하지만, 우리에게는 우리의 훈련법이란 게 필요하다.

"개 키우는 데 이렇게 돈이 드는 줄 몰랐어요."

당장 미국과 비교해봐도 사회 문화적 인식의 차이가 있고, 개를 키우는 환경 자체가 다르다. 아파트 위주의 거주 형태에서 개들이 받는 스트레스, 인간이 개에게 강조하는 규칙의 종류가 다르다. 환경이 다르면, 교육법이 달라지는 법이다. 이런 고민들이 이제 서서히 수면 위로 떠오르고 있다. 이제 개를 어떻게 훈련할까를 고민하던 시대에서 왜 훈련시켜야 할까라는 근본적인 의문을 제기하고, 그 '왜'에서 문제의 본질을 찾아가는 모습을 볼 수 있게 됐다.

한국 훈련사의 수준이 떨어지는 것이 아니라, 늦게 시작했지만 부지런히 쫓아와 이제 꽤 많이 추격해왔다고 해야 할까? 역시나 대한민국의 다른 분야처럼 숨 가쁘게 쫓아가야 할 시간인 것 같다.

개는 기를 만한 사람이 길러야 한다

서점에 진열돼 있는 반려견 관련 책자들을 보면, 개를 분양받을 때 주의해야 할 점에 대한 이야기가 꼭 빠지지 않고 등장한다.

'자신의 성격에 맞는 개를 분양받아라.'
'개를 키울 수 있는 주변 여건을 고려해 개를 분양받아라.'

이 충고의 핵심은 자신의 상황에 맞는 견종을 분양받으라는 의미다. 즉, 개를 분양받는다는 전제하에서 이야기를 진행하고 있다는 것이다. 개를 사랑하니까, 개를 기르겠다는 마음이 있으니 이런 고민을 하는 것이겠지만, 나는 개를 기르겠다는 사람들에게 무작정 개를 권하지 않는다. 개는 기를 만한 사람이 길러야 한다. 오해하지 말고 듣기 바란다. 기를 만한 사람의 조건은 사회 경제적인 기준이 아니다. 바로 '에너지'다. 많은 사람들이 개를 기르겠다고 했을 때 의외로 간과하는 부분이 바로 개의 에너지다. 사람의 집에서 자라도록 특화된 소형견이나 가정견도 따지고 보면 '개'다. 개는 기본적으로 야외에서 생활하도록 태어난 존재다. 이들은 아무리 작아도 엄청난 활동량을 자랑하는 존재들이다. 농담 삼아 이렇게 말한다.

"두 발 달린 놈이 네 발 달린 놈을 쫓아갈 수 있겠어?"

농담만은 아니다. 개들은 인간보다 훨씬 더 에너지가 넘치고, 활동적이다. 이걸 사람이 감당할 수 있는가가 관건이다. 만약 활동적인 사람이라면, 에너지가 넘쳐서 야외활동을 좋아하는 사람이라면 개를 키우는 데 별 무리가 없을 것이다. 그러나 야외활동보다 실내활동을 더 좋아하는 사람이라면 가정견을 키우는 것이 맞다. 문제는 개의 에너지를 감당할 수 없는 사람들이다.

"개 키우는 데 이렇게 돈이 드는 줄 몰랐어요."

"그까짓 개 한 마리 건사 못할까?"

쉽게 생각할 수 있겠지만, 공원에 나가 뛰어놀아야 할 개가 집 안에만 있게 된다면 소화하지 못한 에너지가 체내에 남아서 여러 가지 문제를 일으킨다. 스트레스가 쌓인 상태에서 이상행동을 하는 건 기본이고, 심한 경우에는 사람에게 이빨을 들이밀기도 한다.

"개를 기를 수 있는 '조건'이 갖춰진 사람만이 개를 키워야 한다. 그 '조건'은 돈의 많고 적음, 집의 넓고 좁음은 아니다. 바로 개가 발산하는 '에너지'를 감당할 수 있느냐이다."

단순하게 말하자면, 개를 잘 키운다는 건 개의 에너지를 적절히 풀어주는 행위의 반복이다. 인간과 함께 생활하다 보니 야외활동이 극도로 줄어든 상황에서 개는 축적된 자신의 에너지를 어딘가에서는 풀어야 하는 것이다.

그러나 우리 사회에는 이 부분에 대한 인식이 거의 없다. 단순히 TV나 쇼윈도에 나와 있는 강아지를 보면서, 예쁘니까 귀여우니까 키우고 싶다는 생각을 갖지만, 이 예쁜 강아지가 얼마나 천방지축인지에 대해서는 생각하지 못하고 있다. 아니, 그런 의식 자체가 아예 없다. 이렇게 데려온 개를 키우는 건 사람뿐만 아니라 개에게도 고역이 된다.

비숑 프리제나 페키니즈 같은 견종이 활동량이 적어 가정견으로는 적합하다고는 하지만, 이들도 야외에서 산책하는 걸 좋아한다. 또한 기본적인 최소한의 활동량은 소화해줘야 한다. 아파트나 집 안 거실에서 자기만의 방식으로 놀이 등의 활동을 하겠지만, 어쨌든 산책이 필요한 것은 사실이다. 만약 3대 악마견이라 불리는 비글, 미니어처 슈나우저, 코커 스패니얼은 어지간한 사람도 감당해내기 어려울 것이다. 중요한 것은 어떤 견종이든 간에 일정 수준 이상의 최소 활동량은 필요로 한다는 것이다.

개들의 에너지를 감당할 자신이 없다거나, 에너지 분출을 받아줄 만한 주변 여건이 되지 않는다면, 개를 키우는 걸 포기하는 게 좋다. 앞에서도 말했지만, 개의 에너지를 제대로 감당해낼 수 없으면 보호자에게도 개에게도 서로 좋지 않기 때문이다.

"개 키우는 데
이렇게 돈이 드는 줄
몰랐어요."

소비가 아니라
키우는 것이다

08

전국에 800여 개의 번식장이 있지만,
이 중 정상적으로 등록된 업체는
10퍼센트가 겨우 넘는다.
나머지는 불법이다.

동물보호단체나 이들의 실태를
알고 있는 소수의 반려인들은
이들 번식장의 행태에
분노한다.

개를 생명으로 보는 것이 아니라
'소비'로 보는 것에서 시작됐다고
보는 것이 맞다.
'공장'을 만들어
생산하는 것과 다를 바가 없다.

결국 해결책은 하나뿐이다.
개에 대한 인식의 변화다.
생명을 소비할 수 없다는 사실을
명확히 인지하고,
개를 분양받을 때는 소비가 아닌
생명을 입양한다는 생각으로
접근해야 한다.

한 사회의 발전을 위해서는 수많은 시행착오와 사회 구성원들의 갈등이 필요하다. 게리멘더링(Gerrymandering)이란 말이 있다. 1812년 미국 매사추세츠 주지사 엘브리지 게리(Elbridge Gerry)가 자신에게 유리하게 선거구를 만들었더니 그 모양이 신화에 나오는 샐러맨더(Salamander)와 비슷하다고 해서 주지사의 이름 게리를 붙여서 게리멘더링이란 합성어를 만들어낸 것이다.

전 세계에 민주주의를 전파한 미국의 불과 200여 년 전 모습이다. 우리나라가 절차적 민주주의가 완성된 것은 1987년 대통령 직선제로 선거를 치르면서부터다. 그 뒤로 차근차근 민주주의를 완성해가고 있다. 시민의식이나 국민들이 느끼는 법 감정에 대해서는 논외로 치더라도 최소한 형식적인 면에서는 구미의 선진국들과 비슷한 수준에 이르렀다는 것이 많은 이들의 생각이다.

그러면 동물에 관한 건 어떨까? 세계 최초로 동물보호법을 제정한 나라는 영국이다. 1822년 '가축학대방지법령'이 제정됐고, 명시적인 '동물보호법'이 제정된 것은 1911년이다. 미국에서 동물을 보호하는 법이 만들어진 것은 1873년 '28시간 법(Twenty-Eight Hour Law)'이 그 시작인데, 이는 살아 있는 가축을 시장으로 운반할 때 그 운송 과정에서 최소한 28시간마다 적절한 휴식과 물을 공급해야 한다는 것이 기본 골자인 법령이다. 미국은 1873년에 이 법을 통해서 처음으로 동물을 보호하기 시작했다. 그리고 1966년에 들어서 실험실에서 사용되는 동물들을 보호하는 '실험동물 복지법(The Laboratory Animal Welfare Act)'이 만들어지게 된다. 참고로, 세계 최초로 가장 현대적이고 구체적인 동물보호법을 제정한 사람은 아이러니하게도 아돌프 히틀러다. 1933년 11월 24일 독일은 동물보호법을 제정하게 된다. 놀라운 사실은 나치와 히틀러는 동물의 생체 해부도 금지시켰다.

대한민국의 동물보호법이 시행된 것은 2008년의 일이다. 민주주의는 미국보다 200여 년 뒤졌지만, 이만큼이나 따라잡았다. 명목상 동물보호법의 경우는 미국에 비해 40년 정도의 차이를 보이고 있다. 법이란 그 사회가 갖춘 최소한의 도덕적 합의를 뜻한다. 어떨 때는 법정신을 따라잡을 수는 없지만, 최소한의 사회적 합의이며, 최소한의 도덕적 규범이란 의미를 갖는다. 이렇게 보자면 우리 국민들이 동물에 대해 가지는 의식도 상당히 성장했다고 볼 수 있다.

그러나 이건 어디까지나 표면적인 모습이다. 외형상의 성장은 분명 눈에 띄지만, 그 속을 들여다보면 수많은 오류와 문제를 품고 있다. 애견 산업의 경우도 마찬가지다. 유시민의 책 《후불제 민주주의》의 표현을 빌리자면, 이제 우리는 우리의 개들을 위해 그 대가를 치러야 할 때가 온 것이다.

반려견 400만 마리의 진실과 '산체'

인기 예능 프로그램인 '삼시세끼: 어촌편'이 한창 방영될 시점에서 포털 사이트의 실시간 검색어 1위는 '산체'와 '장모테리어'였다. 새로운 스타의 탄생과 함께 많은 이들이 '장모 테리어'를 찾기 시작했다. 그리고 몇 시간 지나지 않아 트위터를 보니, 어떤 이의 절규에 가까운 글이 눈에 들어왔다.

"이것들아, 장모 테리어 그만 찾아라! 번식장 모견들 죽어나 간다!"

한참 동안 모니터를 바라보았다. 분명 이 글을 쓴 사람은 애견 관련 업종에 대한 이해가 있는 사람일 거라는 확신과 함께 번식장 모견들의 '생산 현장'이 아련히 그려졌다. 이 사람의 글은 사실이다. 실제로 이렇게 방송에 한번 나와 스타가 된 견종이 등장하면, 그 다음날부터 번식장의 해당 견종 개들은 죽어나가게 된다.

2002년 전후로 반려견 인구가 폭증하게 됐고, 그 수요에 맞춰 개들이 시장에 나오게 됐다. 한때 충무로 앞에 있는 애견숍의 강아지를 잘못 사서 폐사했다는 뉴스가 전국에 퍼졌고, 몇몇 악덕업자들의 상술이라고 말하며 소비자들의 주의를 당부한다는 클로징 멘트를 들었던 게 엊그제다.

충무로 반려견의 폐사율이 70퍼센트가 넘어가고, 90퍼센트가 크고 작게 질환에 걸려 있다는 기사가 걸렸고, 안티 충무로 사이트가 만들어진 게 8년 전 쯤 일이다. 한때 충무로는 반려견의 성지였다. 1980년대부터 시작해 2000년대 초반까지만 해도 개를 산다면 충무로였다. 그러나 연 11퍼센트씩 성장하는 애견 산업의 팽창 속에서 충무로는 그 위상이 예전 같지 않다.

많은 예비 반려인들은 충무로에 대한 의구심을 품었었다. 그러나 딱 거기까지였다. 언론에서는 충무로에서 판매한 개들이 폐사한 이유를 분석하며, 개를 너무 일찍 데려왔다는 것과 관리상의 소홀을 문제 삼았다. 물론 예비 반려인들과 한국의 반려견 문화에 대한 비판도 같이 나왔다. 외국과 달리 한국은 어린 강아지만을 선호한다는 것이다.

이 사건이 공론화됐을 때 번식장 문제까지 논의될 줄 알았다. 이 번식장에 관한 이야기가 뉴스로 다뤄진 건 내 기억이 맞다면 2014년이다. 공중파 뉴스에서 번식장의 실태를 날 것 그대로 보여줬다. 전국에 800여 개의 번식장이 있지만, 이 중 정상적으로 등록된 업체는 10퍼센트가 겨우 넘는다. 나머지는 불법이다. 동물보호단체와 이들의 실태를 알고 있는 소수의 반려인들은 이들 번식장의 행태에 분노한다. '도대체 번식장이 뭔데?'라고 물어보는 이들에게 나는 딱 한마디로 이를 설명한다.

"닭장."

말 그대로다. 닭장으로 생각하면 된다. 양계장의 시스템을 개로 옮겨놓는다면, 번식장이 된다. 일렬로 쭉 늘어선 작은 창살들 안에 개들이 들어가 있고, 이 모견들은 창살에 들어간 순간부터 죽는 그 순간까지 계속해 새끼를 낳는다. 충무로에서 개들이 폐사했던 이유 중 하나가 바로 여기에 있다.

강아지들은 태어나서 어미의 모유를 충분히 먹어야 한다. 그러나 우리나라의 강아지들은 태어나서 40일 정도가 되면 시장으로 나가게 된다. 그 이유는 간단한데, 우리나라는 어린 강아지를 선호하기 때문이다. 45일 전후의 강아지가 가장 예쁘다는 이유로 강아지들은 어미젖도 떼기 전에 내몰리는 것이다. 상품성을 유지하기 위한 신선상품 정도로 취급된다. 아니, 공장이라는 느낌이 강하게 든다.

결국 피해는 예비 반려인들의 몫이다. 앞에서 언급한 강아지들의 폐사도 문제지만, 무사히 고비(?)를 넘긴다 하더라도 새로운 문제와 마주할 가능성이 있다. 혹시 '허말라', '폼피치'란 말을 들어봤는가? '허말라'는 시베리안 허스키와 알래스카 맬러뮤트의 합성어이고, '폼피치'는 포메라니안과 스피치의 합성어다.

방송에서 시베리안 허스키가 나오고, 그 얼마 뒤 한국 애견숍에서는 너나 할 것 없이 시베리안 허스키를 찾았다. 그러나 번식장에 있는 시베리안 허스키 모견은 한정적이다. 결국 뽑아낼 수(?) 없기에 업자들이 선택한 방법이 시베리안 허스키와 비슷한 맬러뮤트 모견에 시베리안 허스키 종견을 교배하는 것이었다. 강아지 시절에는 시베리안 허스키처럼 보이지만, 성견이 되면 '허말라'가 되는 것이다. 폼피치도 마찬가지다.

한번 방송에 노출돼 유행을 타면, 번식장은 가용할 수 있는 모든 자원을 다 동원해 강아지를 생산해낸다. 이들 번식장에 있는 모견들을 위해서라면 개를 방송에 내보내지 않는 것이 옳다. 아마 지금은 장모 테리어 모견들이 이런 식으로 고생을 하고 있을지도 모른다.

어디서부터 잘못된 것일까? 간단하다. 경제의 기본 원리다. 수요가 있으니, 공급이 있는 것이다. 2002년 전후로 반려견 인구가 폭증하게 됐고, 그 여파로 수요는 많은 데 비해 공급이 부족하게 됐다. 결국 생각해낸 것이 번식장이다. 반려견 400만 시대를 이끈 것은 바로 이 번식장이 있었기 때문이다. 조금 더 적나라하게 말하자면 이렇다.

"지금의 반려견 시장을 만든 건 번식장 덕분이다."

이들이 반려견 공급량의 8~90퍼센트를 담당하고 있다고 봐야 한다. 보면 볼수록 지금의 애견 산업은 대한민국의 고도 성장기와 똑같다. 70년대 경제 성장기에 우리 아버지 세대들이 공장에 몰려가 기계처럼 일하던 시절을 떠올릴 수밖에 없다. 우선 양적으로 성장하고 나서 그 뒤에 민주주의를 생각하고, 인권을 말하고, 개인의 삶에 집중하게 됐다.

양질전화(量質轉化)의 법칙을 여기에 적용해도 될까? 억지로 끼워 맞추면 맞을지도 모르겠다. 일정한 '양(量)'의 증가가 '질(質)'의 변화를 가져온다는 의미이니, 틀린 말은 아닐 것이다. 시장이 성장하고, 이 성장에 맞춰 반려견 사업에 대한 이미지도 재고됐고, 반려인들의 인식도 변화하게 됐다. 그리고 최근에 우리 반려견 문화의 시작이 됐던 번식장에 대한 이야기를 꺼내게

"번식장.
말 그대로 닭장이다.
일렬로 쭉 늘어선
작은 창살들 안에
개들이 들어가 있고,
이 모견들은 창살에
들어간 순간부터
죽는 그 순간까지
계속해 새끼를 낳는다."

됐다. 이상적인 해결책은 간단하다.

"번식장을 없애고, 건강하고 밝은 환경에서 좋은 브리더들의 손에 길러진 건강한 강아지를 보호자들에게 건네면 된다."

이게 오늘날 우리의 풍토에서 가능할까? 물론, 목표는 그렇게 설정해야 한다. 그러나 당장 번식장이 없어진다면, 반려인들은 어디서 강아지를 찾아야 할까? 중국처럼 수입을 해야 할까? 수요는 그대로 존재하는데, 공급이 줄어든다면? 자연히 가격은 폭등할 것이다. 반려인들이 자랑하는 반려견 400만, 반려인 1,000만의 숫자는 분명히 줄어들 것이다. 그것도 아주 많이 말이다.

이에 따른 부수적인(?) 문제도 발생한다. 400만이란 숫자를 기반으로 만들어진 수많은 반려견 미용업체, 동물병원, 사료회사, 훈련소를 포함한 각종 반려견 업체들은 어떻게 될까? 돈은 곧 생존과 연결된다. 하나의 업체에 매달려 있는 수많은 사람들과 그 가족들의 생계는 어디서 찾아야 하는 걸까?

지금 우리사회가 겪고 있는 수많은 압축 성장의 오류들이 떠오르지 않는가? 복지인가 성장인가라는 질문에서 시작해, 성장을 위해 안전을 등한시하고 오로지 외형만을 키워온 기형적인(!) 우리나라의 모습이 애견 산업에도 고스란히 적용되고 있는 것이다.

"훌륭한 브리더들을 많이 양성해서 건강하고 깨끗한 번식 환경을 갖추고, 매매 환경을 정비해야 한다. 법에 명시돼 있는 것만 지켜도 상당 부분 개선될 것이다."

맞는 말이다. 그러나 대부분의 우리 사회의 문제도 원칙과 법치를 내세우지만, 돈의 논리 앞에서 밀리고 있다. 가장 현실적이고, 간단하며, 이상적인 해결책이 하나 있긴 있다. 바로 유기견의 입양이다. 비싼 돈을 들여서 개를 분양받을 필요도 없고, 그 절차도 단순하다. 그럼에도 유기견 입양률은 저조하다. 여러 가지 이유가 있겠지만 가장 유력한 이유는 이렇다.

"개를 키우는 것이 아니라 소비하기 때문이다."

한해 평균 10만 마리의 동물들이 버려진다. 이 중 6만 마리가 개다. 여러 가지 이유가 있겠지만, 처음 반려인의 문을 열고 들어온 이들이 개를 키우겠다는 마음보다는 개의 귀여움을 보고, 그 '귀여움'을 소비하기 위해 개를 입양한 것이다. 그리고 싫증나거나 여러 현실적인 이유가 발생하자 미련 없이 이를 버리는 것이다. 요즘 '소비'를 하는 사람들, 특히나 개와 같은 존재에게 가장 중요시 되는 것이 '귀여움'과 함께 '신상'에 대한 집착이다.

결국 이 모든 문제의 핵심은 개를 생명으로 보는 것이 아니라 '소비'로 보는 것에서 시작됐다고 보는 것이 맞다. '공장'을 만들어 생산하는 것과 다를 바가 없다. 결론은 번식장을 없앨 수 있는 방법은 우리의 인식 변화에서 시작된다. 고리타분하고, 원칙론적인 이야기지만 지금의 '애견 산업'의 구조를 변화시킬 수 있는 가장 확실한 대안은 사람들의 인식 변화다.

우리는 왜 개를 버릴까

"개들이 죽어나가겠네요."

뉴스에서 경제 관련 이야기가 나오자 같이 뉴스를 보던 훈련사가 내뱉듯 던진 말이다. 반론할 수 없었다. 2004년 4만

5,000마리였던 유기 동물은 2012년이 되면서 10만 마리로 증가했다. 이들 중 동물구조대에 잡혀 들어간 유기견들은 대부분 10여 일이 지나면 안락사를 당한다. 2012년에는 9만 9,254마리의 유기동물 중 2만 4,315마리가 안락사를 당했다.

2014년 한 언론사가 우리나라의 유기견 실태를 조사한 적이 있다. 동물등록제 시행 전후 유기견의 통계에 어떤 변동이 있는지를 점검한 것이다. 결론은 예상했던 그대로였다. 서울을 비롯해 부산, 대구, 광주 등 7대 광역시를 대상으로 2012년과 2013년의 유기견 발생 수의 변화를 조사해봤는데, 거의 변동이 없었고 일부 지역에서는 오히려 버려지는 개들이 더 많았다.

유기견은 더 이상 반려인들만의 문제가 아니라 사회 문제로 인식해야 한다. 매년 많은 지자체에서는 유기견 '관리와 처리'를 위해서 수억 원의 비용을 쓰고 있고, 버려진 개들이 들개가 되어 사람들에게 공포의 대상이 되고 있는 상황이다. 어째서 이런 일이 벌어지는 것일까? 앞서 말했듯이, 개를 키우는 것이 아니라 소비하기 때문이다. TV 방송에서 귀여운 강아지를 보고 나서, 그 귀여움을 소유하고픈 욕망이 개를 사게 되고, 그 욕망이 어느 정도 채워지자 개를 살 때는 생각지 않았던 '귀찮음'을 느끼게 된다. 여기에는 경제적인 부담도 만만찮게 작용한다.

많은 수의사들을 만나봤지만, 이들이 제일 안타까워하는 것이 충분히 살릴 수 있거나, 아직 희망을 버리지 않아도 되는 개를 경제적인 이유만으로 '안락사'를 시켜달라고 하는 보호자들이 많다는 것이다. 안락사는 10만 원 내외면 되는데, 치료나 수술 등은 그 비용이 훨씬 비싸기 때문이다.

08

"망가진 장난감을 고쳐서 쓰는 것보다는 버리고 새로 사는 게 더 싸게 먹힌다."

'소비'. 이 말과 뭐가 다를까?

번식장에서 대량 생산해서 찍어낸 개들은 일정 기간 동안 유통된 다음 유행이 지나거나, 망가졌거나, 귀찮아지면 버리는 것이다. 자본주의하에서의 소비 생활에 익숙해진 현대인에게는 너무도 익숙한 소비 행태다. 이 소비 행태를 부정하거나, 비난할 생각은 없다. 우리는 그런 세상에 살고 있고, 이렇게 자라왔다. 그러나 이런 소비 행태는 재화나 서비스를 소비할 때 적용되는 것이다. 개는 생명이다. 돈을 내면 구매할 수 있는 존재지만, 그렇다고 해서 생명이 아닌 것은 아니다.

유기견 문제를 해결하기 위해 등록제를 시행했지만, 아직까지는 별다른 효용이 없어 보인다. 몇몇 시민단체나 동물단체를 주축으로 해서 유기견 입양을 위한 노력을 하고 있지만, 가장 확실한 대책은 바로 마음이다.

'개를 소비하는 게 아니라 키우겠다는 마음.'

결국은 사람이 문제다. 반려견 문제의 90퍼센트는 사람이 문제란 말이 여기서도 정확히 들어맞는다. 모든 문제의 시작과 끝이다. 사람이 개를 바라보는 시각을 바꾸면, 번식장 문제도 유기견 문제도 다 해결될 수 있다. 생각을 거창하게 바꿀 필요도 없다. 단 한 줄이면 된다.

"생명은 소비하는 대상이 아니다."

우리는 사람으로서의 '기본'에 관한 문제에서 헤매고 있는 게 아닐까? 가끔 이런 생각을 한다.

"개에게 있어 사람은 나쁜 신이 아닐까?"

지금 우리와 함께 하고 있는 반려견들은 대부분 인간의 손에 의해 만들어진 존재들이다. 인간의 선호도, 취향에 따라 더 작게 혹은 더 크게, 더 밝게 혹은 더 어둡게 만들어진 존재다. 인간의 기준으로 더 좋은 품종을 만들겠다고 근친교배도 서슴지 않고 나온 것이 오늘날의 반려견들이다.

만약, 이들이 자연에서 생활하던 존재들이라면 이런 식으로 진화가 됐을까? 풀숲에서 몸을 숨겨야 하는데, 곱슬곱슬한 하얀 색 털을 날린다면 천적에게 그대로 발견될 것이다. 퍼그의 '과도한' 들창코는 어떨까? 앞으로 달려 나가야 하는데, 날벌레나 이물질이 코로 들어가 달리기를 방해할 것이다. 포메라니안을 비롯해 몇몇 가정견들의 약한 슬개골은 어떻게 설명해야 할까? 높은 곳에서 조금만 뛰어도 슬개골을 걱정해야 하는 이들이 야생에서 살아갈 수 있을까?

우리 품에 있는 개들은 인간의 취향을 철저히 반영해서 만들

"개에게 사람은 나쁜 신이 아닐까? 개는 생명이다. 돈을 내면 구매할 수 있는 존재지만, 그렇다고 해서 생명이 아닌 것은 아니다."

어진 생명이다. 이들은 인간의 품을 떠나서는 살 수 없는 존재들이다. 만약 생명 창조를 주관한 신이란 존재가 있다면, 개에게 있어서 인간은 신일지도 모른다. 탄생부터 직접 관여했고, 이후 평생을 인간의 품 안에서 살아가도록 운명 지어진 것이 이들이다. 구약을 보면, 인간은 신에게 죄를 지어 에덴동산에서 추방당한다.

낙원에서 추방당한 이들은 노동과 출산의 고통을 강요받으며 힘겹게 삶을 꾸려나가게 된다. 이 이야기를 개에게 적용해본다면 어떨까? 개에게 있어 인간의 존재는 우두머리일 수도 있고, 혹은 신일 수도 있다. 개의 운명 전체를 관장한다고 봐도 무방하다. 인간의 단순한 변심만으로도 개의 운명이 요동치니 개에게 있어 인간은 신적인 존재다.

신은 인간에 대한 무한한 사랑을 말한다. 인간도 개를 처음 받아들였을 때는 무한한 사랑을 말하지만, 어느 순간 그 사랑이 식어버리면 가혹한 형벌을 내린다. 바로 낙원에서의 추방이다. 인간의 품에서만 생활할 수 있도록 만들어진 생명들이 인간의 품에서 쫓겨난다면, 그 삶은 어떠할까?

가끔 반려견 관련 이슈가 발생하면, 언론사들이 우리 훈련소로 연락을 해온다. 방송에 내보낼 코멘트를 부탁하는 것이다. 최근에 이슈가 되는 것들이 유기견 문제다. 인왕산에 출몰한 수십 마리의 유기견 무리들. 야생화된 이들이 얼마나 위험한지에 대한 이야기를 말해달라는 것이다. 그들이 내보인 것은 유기견들이 길고양이를 공격하는 장면과 근처에 사는 주민들이 불안하다고 말하는 인터뷰였다. 일반인들의 시선으로 보자면, 유기견이 사람을 공격하는 것처럼 보인다. 그러나 정작 이들이 사람을 공격한 사례는 몇이나 될까? 사람이 사는 곳에 들어오고, 사람의 재산(주로 농축산물)에 피해를 끼치는 사례는 발견할 수 있지만, 먼저 사람을 공격한 사례는 찾기 어렵다. 그들이 공격성을 드러낼 때는 인간이 이들을 포획하려 할 때다.

"개들이 사람을 두려워하는 것이다."

야생화된 개들의 공격성의 근저에는 사람에 대한 두려움이 깔려 있다. 언론을 한번 세심히 보자. '사람도 공격 가능', '사람을 물을 수도 있다.'라는 타이틀의 기사는 있어도 사람을 직접 물었다거나 공격했다는 유기견을 찾기는 어렵다. 사람의 재산에 피해를 입힌 사례는 있다. 그러나 사람에게 직접적인 위해를 가한 사례는 찾아보기가 힘들다. 개는 사람이 두려운 것이다. 본능적으로 두려워하는 것이다. 이런 그들을 욕하거나 매도할 수 있을까? 애초에 이들이 야생화된 이유는 무책임한 인간의 이기심 때문이다. 존재 자체가 인간에게서 시작됐고, 그들의 삶 자체가 인간에 의해 운명 지어졌는데, 이들은 어쩔 수 없이 자신의 두려움을 이빨로 감춘 채 야생화의 길을 걷고 있는 것이다.

많은 이들은 미국과 독일과 같은 일부 반려견 선진국들의 사례를 끌어와 유기견 문제를 해결하려고 하지만, 이들 몇몇 국가를 제외한 많은 선진국에서도 유기견 문제로 골머리를 앓고 있다. 또한 미국과 독일의 경우도 성숙한 반려견 문화와 함께 막대한 자금의 후원(기부와 연방정부의 지원)이 있었기에 유기견의 입양과 관리가 가능한 것이다(그럼에도 유기견 안락사가 시행되고 있는 건 사실이다).

결국 해결책은 하나뿐이다. 개에 대한 인식의 변화다. 생명을 소비할 수 없다는 사실을 명확히 인지하고, 개를 분양받을 때는 소비가 아닌 생명을 입양한다는 생각으로 접근해야 한다. 이런 인식의 변화가 하루아침에 이뤄질 수 있을까? 분명한 사실은 이미 많은 변화의 움직임이 포착되고 있다. 1년, 2년은 시간이 흐르지 않는 것처럼 보이지만, 10년, 20년이 지나면 빠르게 지나간다. 그리고 그 사이 변화는 진행된다.

결국은 인간이 문제다. 인간이 뿌려놓은 씨앗은 인간이 거둬들여야 한다. 무책임한 이기심을 이제는 그만 내려놓을 때도 됐다.

08

“믹스견도 받나요?”

훈련소에 걸려오는 상담 전화 중 단골 ‘메뉴’가 몇 개 있다. 비용에 관한 문의도 있고, 개의 상태, 위치, 훈련 기간 등에 관한 질문이 가장 기본적인 문의사항이다. 그리고 이런 문의사항들 중에서 심심찮게 반복되는 질문이 하나 있다.

“믹스견도 받나요?”

이럴 때마다 너털웃음을 터트릴 수밖에 없다.

"믹스견은 개 아닙니까?"

훈련사들이 개를 받을 때 제일 신경 쓰는 것은 개의 훈련성이 좋은지, 나쁜지에 관한 것이지 혈통에 대해서는 별 신경을 쓰지 않는다.

6년 전 일이다. 직장 여성 한 분이 포메라니안을 한 마리 분양받았다. 당시 한창 주가가 올랐던 견종이 포메라니안이었는데, 정말 운이 좋았다. 가정에서 출산한 강아지로 분양을 받았는데, 어미로부터 충분한 사랑을 받고 자란 강아지였고, 모견의 보호자 부부들도 심성이 참 착해서 이런저런 충고와 함께 구해 온 혈통서 한 장도 건넸다. 가장 마음에 들었던 건 강아지들을 다 입양한 후에도 각자의 보호자들과 연락해 반려견 카페나 공원에서 모임을 가졌다는 것이다. 5마리의 강아지들과 어미 강아지, 견주들이 모여 피크닉을 즐기며 서로의 인간관계를 유지하는 걸 보면서 보는 내가 다 설렐 정도였다.

그런데 이 새끼 포메라니안에게 덜컥 문제가 발생했다. 화이트 포메였던 강아지가 8개월령이 지나면서부터 등 한가운데에 새끼손가락 2~3개 크기만 한 갈색털이 자란 것이다. 이 여성은 당황했다. 알고 보니 부계 쪽에서 크림포메와의 교배가 있었다.

포메라니안끼리의 교배였기에 큰 문제도 없고, 갈색털이 눈에 띄게 크게 자리 잡은 것도 아니었다. 자세히 보지 않는다면 아무도 알 수 없을 만큼의 '티끌'이었다. 여성은 안절부절 못하며 혈통서를 만지작거렸고, 자신의 포메라니안을 바라보는 시선이 달라졌다. 그 얼마 뒤부터 개에게 옷을 입히기 시작했다. 그 한줌도 안 되는 털을 가리기 위해 옷을 입힌 것이다. 그리고 누군가가 농담이라도 '믹스견'이라는 말을 꺼낼 때마다 발끈하기 시작했다.

"애네 할아버지 때 크림포메가 잠깐 끼어든 거예요! 그리고 포메끼리 결혼한 거라 믹스가 아녜요!"

몇 년을 알고 지낸 반려인이었는데, 이런 모습은 처음이었다. 결국 이 여성은 어미 개 가족들과의 관계가 소원해지게 되었고, 모임에도 나가지 않게 됐다. 그녀는 마음 한구석에 사기당했다는 생각을 가지고 있었다. 한줌의 털이 만들어낸 비극(!)이었다.

그런데 이론상 보자면, 믹스견이 더 건강하고 더 똑똑하다.

유전적으로 한정되지 않기에 여러 우성인자들을 많이 받을 수 있다. 이런 사실을 개를 키우는 사람들은 다 알고 있다. 그럼에도 사람들은 순혈견을 고집한다.

"나중에 비싸게 팔 수 있잖아요?"

솔직히 키우던 개를 비싸게 파는 경우를 자주 보진 못했다.

"강아지를 낳으면 비싸게 팔 수 있잖아요?"

개를 통해 수입을 얻는 것을 말리고 싶은 생각은 없지만, 출산을 한 번 할 때마다 개의 건강에 영향을 끼친다는 것도 생각해봐야 한다. 함께 오래 있는 게 목표가 아니라 당장 눈앞에 보이는 돈을 먼저 생각한다면, 차라리 다른 방법을 찾는 게 낫다. 전문 브리더가 아닌 이상 개를 통해 지속적인 수입을 얻는다는 건 어려운 일이다.

"폼 나잖아요."

"순혈견에 대한 집착.
그러나 순수하게 개를
좋아해서 키우는
일반인들에게
순혈은 무의미하다.
순혈을 증명하는
종잇조각 한 장은
개와 인간의 행복을
결정하지 못한다."

아마, 이게 대부분의 이유일 것이다. 순혈에 대한 집착. 물론 순혈종은 필요하다. 혈통 고정을 통해 견종의 특징을 유지하는 건 중요하다. 그러나 순수하게 개를 좋아해서 키우는 일반인들에게 순혈은 무의미하다. 아울러 그 혈통서란 것이 진위 여부를 확인하는 것도 어렵다. 그럼에도 한민족 특유의 '피'에 대한 집착과 개를 '소비'의 한 부분으로 생각하는 생각들이 결합하면서 이상하리만큼 순혈에 집착하는 현상이 유독 우리나라에서 펼쳐지고 있다.

'그러는 당신은 양반인가?'

이 질문에 자신 있게 대답할 사람이 몇이나 될까? 분명 성씨를 가지고 있으니 스스로 양반의 혈통이라 여길지 모르겠다. 그러나 대한민국 인구센서스 조사 결과를 보면, 한 가지 의문을 품게 만드는 통계가 있다. 대한민국의 모든 사람들이 전부다 성씨가 있다는 것이다. 더 놀라운 것은 인구의 절반 이상인 약 54퍼센트가 거대 성씨인 김, 박, 이, 정, 최 씨라는 점이다. 경주 김씨의 구성원만 150여 만 명이 넘어간다니 이게 도무지 말이 되지 않는다. 신라 왕족의 후예가 우리 주변에 수두룩한 것이다. 다른 성씨도 마찬가지다. 더 어처구니없는 사실은 우리나라 사람들의 거의 대부분이 자신은 양반의 후예라고 굳게 믿고 있다는 점이다.

집안에 내려가면, 모두 족보가 있고, 몇 대조로 거슬러 올라가면 전부다 벼슬 한자리씩은 다 한 '뼈대 있는 집안'이라고 자랑한다. 원래 우리 민족은 '뼈대 있는 양반'들로만 구성된 민족이었을까? 조선 초기만 하더라도 양반의 비율은 전체 인구의 3~4퍼센트 정도 밖에 안 되었고, 양반의 수를 조절하기 위해 4대 내에서 벼슬살이를 하지 않으면 양반 자리에서 밀려나게 만드는 엄격한 통제 조치도 있었건만, 어째서 우리나라에서는 양반이 이렇게 많아진 것일까? 같은 시기 서유럽에서 sir(경) 호칭을 받는 귀족의 숫자가 아직까지 전체 인구의 3퍼센트 비율로 유지되고 있는 것과는 분명 대조되는 일이다.

이유는 18세기 후반 인쇄업의 발달로 가짜 '양반 족보'를 사서 가짜 양반 행세를 하는 이들이 증가했기 때문이다. 양반이 되면, 세금도 면제받고, 군역에도 혜택을 받았기에 돈 좀 있는 사람들은 너 나 할 것 없이 양반 족보를 사서 양반 행세를 했던 것이다. 그러다가 갑오경장(甲午更張) 때 신분제를 철폐하면서, 주인집에서 부리던 노비들이 주인의 성이나 유명한 성씨(전주 이씨, 경주 이씨 등등)를 자기의 이름에 붙이면서 우리 모두는 양반이 될 수 있었던 것이다. 그리고 똥값이 된 양반 족보를 구해와 자기 이름을 한 줄 올려서 양반이 된 것이다.

분명한 사실 하나는 자연 증가로 아무리 씨를 퍼뜨리고, 가세를 확장시켰다 하더라도 우리나라 양반 가문의 적정 인구수는 전체 인구의 3퍼센트 내외란 점이다. 그러나 어찌된 일인지 전 국민의 97퍼센트는 자신이 양반 출신이라고 믿어 의심치 않는 상황이 아이러니하다. 진실은 언제나 두려운 것이다.

한국에서 분양되고 있는 수많은 '순혈개'들 중 그 혈통을 거슬러 올라가 제대로 조상을 확인할 수 있는 개는 얼마 안 된다. 전문 브리더나 연맹에서 인정한 혈통 고정한 몇몇 개들을 제외하고 자신 있게 순혈개라고 말할 수 있는 개가 몇이나 될까? 다시 말하지만, 진실은 언제나 두려운 것이다.

외국의 경우는 그 성씨만 봐도 그 사람의 출신을 확인할 수 있다. 베이커(Baker)와 베커(Becker), 블랑저(Boulanger), 포르나리(Fornari), 피카르츠(Piekarz)라는 이름은 각각 영국, 독일, 프랑스, 이탈리아, 폴란드 출신이며 그들의 조상은 빵을 굽던 사람이란 걸 짐작할 수 있다. 그러나 한국의 경우는 아무 의심도 없이 자기는 양반이라고 믿고 있다. 이런 착각이 고스란히 개에게도 이어지고 있는 것이다.

이 순혈견에 대한 맹목적인 집착도 기대할 수 있는 건 사람들의 의식의 변화밖에 없다. 다시 말하지만, 사랑은 '무조건'이다. '그럼에도 불구하고'라는 딱지를 붙이고 시작하는 게 사랑이다. 우리가 바라보는 대상의 조건이나 주변 환경을 생각하는 순간 우리의 사랑은 사랑이 아니게 된다.

개는
당신에게
종속된 존재다

개는 주인의 관심을 원한다.
그 관심을 얻기 위해
인간의 기준에서
'잘못된 행동'을 하는 경우도 많다.

개는 인간에게 종속된 존재다.
반려견이란 타이틀이 붙은 이상
종속될 수밖에 없는 숙명을 타고났다.

개와 함께 평생을 보낸 나지만, 개를 '훈련하는 입장'에 서게 되면 언제나 두렵다. 대략적인 훈련의 방향이나 원칙은 있지만 개는 품종, 성장 환경, 주인의 성격이나 행동 패턴에 따라 그 성격이 천차만별이다. 개략적인 훈련의 '틀'은 있지만, 그 안에서 적용방법을 달리해야 한다. 사람도 마찬가지다. 내성적인 사람, 외향적인 사람이 있는 것처럼 개들도 저마다의 특성이 있기에 그걸 빨리 파악해서 거기에 맞는 훈련 방법을 찾아야 한다. 그렇기에 언제나 처음 만나는 개를 볼 때마다 긴장할 수밖에 없다.

개와 함께 평생을 살아왔기에 사람들은 내가 이런 말을 할 때마다 의아해한다. 그러나 한 분야에서 외길인생을 살아온 분들의 말을 들어보면, 거의 나와 비슷한 말들을 한다.

"알면 알수록 어렵다."

맞는 말이다. 내가 대한민국 최고라는 말은 아니다. 난 단지 운이 좋아서 유명해졌을 뿐이다. 음지에서 묵묵히 개와 함께하는 실력 있는 훈련사들이 대한민국에는 많다. 종종 그들의 훈련하는 모습을 볼 때마다 묘한 긴장감과 함께 안도감을 느낀다. 내가 더 노력해야겠다는 긴장감, 그리고 앞으로 대한민국 반려견 훈련사들에 대한 기대와 희망 때문에 느끼는 안도감이 교차한다. 이 대목에서 분명하게 말할 수 있는 건, 내 훈련 방식이 영원 불멸의 '진리'가 아니란 사실이다.

인간이 만든 것 중에 영원 불멸이란 게 있기나 할까? 인간은 나약하고, 부족하다. 그걸 보완해주는 게 끊임없는 보완과 수정이다. 한 시대의 절대 진리인 것도 시간이 흐르면, 뒤떨어지고 낡은 것이 된다. 시대의 흐름이란 것도 있고, 당대에는 미처 발견하지 못했던 것들이 후대에 보완되거나 수정되는 경우도 다반사다. 인간은 그렇게 대(代)를 이어 수정을 하고, 보완을 하면서 자신들이 만든 제도나 문명을 발전시켜왔다. 종종 이제까지의 발전에 역행하는 시기도 있었지만, 역사의 큰 흐름을 보자면 인간은 분명 '발전'해왔다.

개의 훈련 방법도 마찬가지다. 역사라는 큰 이름을 붙이기에는 민망하지만, 한국의 반려견 훈련에도 많은 변화가 있었다. 우연인지 필연인지는 모르겠지만, 흥미롭게도 우리 반려견 훈련의 방법론은 사람의 교육 방법론과 일치한다. 아마 이건 우연이 아니다. 당시의 사회 분위기가 그대로 투영됐다고 설명할 수 있을 것이다.

1980년대 훈련 방식을 보면, 영락없이 대한민국 교육 체계와 똑같았다. 그렇다 바로 '주입식 교육'이었다. 학생들을 교실에 잔뜩 우겨넣고는 무조건 '암기'를 강요했다. 개 훈련도 마찬가지였다. 이 시기의 개 교육 방식은 주입식 교육, 습관화 교육이었다. 물론, '강압'이 교육의 주요 수단이었다.

그러다가 1990년대가 되면서, 우리나라 교육의 일대 혁명이라 할 수 있는 대학수학능력시험이 학력고사를 대체하게 됐다. 개 훈련도 이때쯤 되면 다른 방향으로 바뀌게 되었다.

'부정적 칭찬.'

형용모순인데, 간단하게 말하면 형사들의 취조 방법과 비슷하다. 범인을 취조할 때 형사들은 짝을 이뤄 굿캅(Good Cop), 배드캅(Bad Cop)으로 서로 역할분담을 해 취조를 하는 경우가 많다. '나쁜 경찰'이 범인을 윽박지르고 몰아붙이며, '착한 경찰'이 나서서 범인을 달랜다. 냉탕과 온탕을 번갈아 드나든다고 해야 할까? 그러면 범인은 윽박지른 경찰 대신 자신을 달래준 착한 경찰에게 자백을 한다는 것이다.

1990년대의 훈련 방식도 이와 비슷했는데, 세게 때린 다음 약하게 때리는 격이라고 표현할 수 있다. 이때 쓰는 훈련 방법 중 하나가 '모르게 쓰는 벌'이다. 개를 순간적으로 놀라게 한다거나 뒤에서 뭔가를 던져서 긴장을 시키는 방법이다. 강압적인 훈련에서 벗어났다곤 하지만, 지금의 기준으로 보자면 올바른 교육 방법이라고 보기엔 어려운 부분이 많았다.

그러다 2000년대가 되면, 우리나라 교육도 일대 혁신이 일어나게 된다. 이른바 '이해찬 세대'다. 공부 말고 다른 재능을 가지고 대학을 갈 수 있는 시대가 열린 것이다. 물론 그에 대한 호불호는 분명했지만, 매우 혁신적인 시도였다. 이때쯤 개 훈련도 또 한 번 변하게 된다. 상과 벌을 명확히 구분했고, 이를 반복적으로 교육시켜 기억을 심어주는 형태로 훈련은 변화됐다. 강압적인 수단에 의지하는 훈련법에 비하면 진일보했다고 할 수 있다.

그렇다면, 요즘은 어떨까? 요즘의 경우는 2000년대 후반과 또 달라졌다. 어느 순간 '벌'은 사라지고, '상'만 가득한 훈련이 돼버렸다. 긍정 강화 훈련이란 방법이 유행을 타고 있다. 다양한 훈련법이 등장하고, 훈련법 중 각기 장단점을 보완하거나 더 좋은 쪽으로 발전 방향을 찾아가는 건 좋은 일이다. 또한 발전을 위해서는 꼭 필요한 일이기도 하다. 그 와중에 의견충돌이 있을 수 있고, 발전을 위한 성장통을 겪는 건 진전을 위해서 치러야 할 대가인 것도 사실이다. 인간 세상에서 공짜란 없다. 성장을 위해서는 그만한 진통이 수반되는 건 당연한 일이다. 문제는 이것이 성장통인지, 단순한 통증인지에 대한 판단이다. 앞에서도 말했지만, 우리나라 반려견 훈련은 우리나라 교육현실과 데칼코마니처럼 딱 맞아떨어진다. 최근 긍정 강화 훈련이 대세가 되는 모습을 보면서 놀랄 수밖에 없었다. 바로 우리의 교육현실과 청년들의 모습과 너무도 똑같기 때문이다.

얼마 전 일이다. 대기업의 인사담당자에게 이런 이야기를 들은 적이 있다.

"요즘 신입사원들을 도통 모르겠다. 기업에서 신입사원을 뽑는 건 '투자'다. 그것도 상당한 위험을 수반한 투자기 때문에 여러모로 고민을 많이 한다. 그런데 그 신입사원들이 회사에 들어온 다음 너무나 쉽게 회사를 떠난다."

요즘 같은 실업난 속에서 회사를 그만두는 청년들이 많다니 놀라웠다. 이 인사담당자의 말은 간단했다.

"요즘 애들 속을 모르겠다."

가장 이해가 안 갔던 게 바로 '칭찬'이다. 요즘 한창 취업을 하는 청년들은 기본적으로 1980년대 말 1990년대 초에 태어나 극심한 경쟁을 거쳐 사회에 진출한다. 그러나 이는 반쪽만의 진실이다. 진짜는 이 청년들의 가정환경이다. 이 시기에 태어난 아이들의 부모들은 대학생활을 경험한 세대들이 많고, 이들 중 상당수는 아이들 교육에 관심이 많은 세대다. 그리고 이때 부모들의 교육방침의 핵심이 됐던 단어가 바로 '칭찬'이란 것이다.

"요즘 세대를 '트로피 세대'라고 합니다. 늘 칭찬받으며 살아왔던 겁니다. 무슨 대회에 나가면 하다못해 참가상이라도 받았던 이들입니다. 이들의 스펙을 보면 놀랍죠. 사회에서 과연 필요할까란 생각이 드는 자격증도 스펙을 위해 땄고, 이를 경력으로 말하는 세대들입니다. 놀라운 건 이런 신입사원이 들어오고 나서 조직생활이에요. 내가 경험한 한 신입사원은 '왜 자신을 칭찬해주지 않냐?'고 대놓고 물어오는 경우도 있습니다. 지금까지의 경험을 보자면 당연히 칭찬받아 마땅한 일이라고 생각하는 일이란 것인데… 제대로 일하는 신입사원은 솔직히 드물죠. 게다가 이상한 자의식 과잉 같은 게 느껴져요. 스스로 특별하고 대단하단 생각, 결정적으로 자신이 인정받지 못했다는 생각들을 가지고 있는 것 같아요."

이 인사담당자의 개인적 의견이기에 이를 가지고 성급한 일반화를 할 수는 없다. 그러나 새겨들을 대목은 있다. 트로피 세대는 칭찬을 받으며 자란 세대다. 칭찬은 좋은 것이며 나쁜 게 아니다. 자신감이 있다는 건 젊은이의 특권이며, 올바른 인간상을 구성하는 데 빠져선 안 되는 주요한 덕목이다. 전혀 나쁜 게 없다. 문제는 중용을 벗어난 과도한 움직임이다.

시대는 바뀌는 것이고 세월의 흐름에 따라 인간사가 변하는 건 자연스러운 일이다. 그러나 변화에도 기준이 있는 법이다. 인사담당자가 말하는 신입사원의 시작점은 이렇다.

"내가 아무것도 모른다는 걸 깨닫는 순간."

동의할 수밖에 없다. 어떤 일이든 밖에서 지켜보는 것과 안에서 해보는 건 다르다. 초심자는 뭔가를 할 수 있다는 의욕과 열정에 앞서 대단한 일을 성취할 듯이 말하지만, 경험자들도 그 과정을 다 겪어왔다. 결국 그렇게 부딪히고 깨져가며 그때까지 가졌던 편견이 사라진 다음, 자신이 아무것도 모른다는 걸 확인한 후에 본격적으로 일에 들어갈 수 있다는 것이다. 그러나 요즘 신입사원들은 그 부분에서 조금 부족한 부분을 보인다는 것이다. 이것이 시대의 흐름인지, 이제껏 기성세대들이 주입식 교육을 받으며 사고가 굳어진 것인지, 아니면 지금 트로피 세대들의 사고방식이 옳은 것인지에 대해서는 아무도 모른다.

이제껏 칭찬만을 받아왔던 사람에게 '칭찬'이 아닌 '다른 것'이 전해졌을 때 그 사람은 어떻게 될까? 한때 우리 사회를 흔든 '긍정의 힘'에 우리는 열광했다. 그러나 그게 곧 거품이란 것도 알게 됐다. 이 세상을 살기 위해서 긍정과 낙관은 꼭 필요한 덕목이다. 오죽하면, 비관주의의 극단이라 할 수 있는 쇼펜하우어조차도 이 세상에서 가장 탐나는 자질이 '낙관적인 성격'이라고 말했을까? 그러나 여기에는 하나의 전제가 따른다. '긍정'은 내 앞에 놓은 '상황'에 대한 해석이어야 하지 상대방에게 강요하는 긍정이나 받아내는 '칭찬'이 돼서는 안 된다는 것이다. 개의 훈련도 마찬가지다.

지금 한창 이슈가 되고 있는 긍정 강화 훈련의 핵심은 야단치는 대신 칭찬을 하라는 것이다. 칭찬은 없고, 강압만 존재했던 1980년대 훈련법의 정반대 훈련법이라고 해야 할까?

거듭 말하지만, 개의 훈련은 아이들의 교육과 같다. 아동심리학 책들을 보면, 아이들은 부모의 관심을 끌기 위해 잘못된 행동을 하는 경우가 있다. 개도 마찬가지다. 개는 주인의 관심을 원한다. 그 관심을 얻기 위해 인간의 기준에서 '잘못된 행동'을 하는 경우도 많다. 이런 경우 우리는 어떻게 대처해야 할까? 인간 아이의 입장에서 생각해보자. 잘못된 행동에 대해서 일단 혼을 내고, 그 잘못된 행동의 원인을 찬찬히 살펴본 부모는 그 원인을 찾아서 제거하려고 한다. 그런 다음 아이와 대화를 한다. 이게 보편적인 아이와 부모의 갈등관계 해소 방법이다. 이걸 개와 사람이 그대로 따라할 수 있을까?

사람도 자기 아이의 잘못에 대해서는 훈육 차원의 꾸지람을 한다. 그런데 말이 통하지 않는 개와 어떤 식으로 의사소통을 할 수 있을까? 그렇다고 무조건적으로 개를 혼내라는 게 아니다. 내가 말하는 건 '교육철학'이다. 훈련의 방법론은 그 다음의 문제다.

지금 우리가 생각하는 개에 대한 '훈련철학', '교육철학'은 무엇일까? 그걸 묻고 싶은 것이다. 만약 긍정과 칭찬만으로 훈련을 한다고 했을 때 그 성과는 차치하고, 그 훈련이 키울 개의 미래를 생각해보라는 것이다. 우리가 아이를 키울 때 교육의 핵심은 그 아이의 미래다. 즉, 아이가 자립할 수 있도록 돕는 것이다. 자립을 위해서 가장 중요한 건 두 발로 일어설 수 있게끔 옆에서 지원해주는 것이지 부모가 대신 '서주는 게' 아니다. 그리고 이런 자립을 위해서는 좋은 곳, 좋은 생각, 좋은 환경도 좋지만 세상의 단면, 실패의 쓴 맛도 조금씩 알아가야 한다. 빌 게이츠가 고등학생들에게 해준 10가지 충고를 보면 이를 단적으로 확인할 수 있다.

> "인생이란 원래 공평하지 못하다. 그런 현실에 대하여 불평할 생각하지 말고 받아들여라."
> "학교 선생님이 까다롭다고 생각되거든 사회 나와서 직장 상사의 진짜 까다로운 맛을 느껴봐라."
> "인생은 학기처럼 구분되어 있지도 않고 여름 방학이란 것은 아예 있지도 않다. 네가 스스로 알아서 하지 않으면 직장에서는 가르쳐주지 않는다."
> _빌 게이츠가 마운트 휘트니 고등학교 학생들에게 해준 10가지 인생 충고 중

고등학생에게 해주기에는 너무도 냉정한 말이 아닌가? 그러나 어느 정도 인생을 산 사람이라면, 이 말뜻의 진짜 의미를 알 것이다. 정말로 아이들을 생각하기 때문에 이런 충고를 할 수 있다.

우리와 함께하는 개들에게 우리는 어떤 충고(?)를 해야 할까?

개를 생각하는 마음에서 칭찬을 하고, 인내심을 가지고 기다리라고 해야 할까? 만약 효과가 있다면 최선을 다해 기다리고 칭찬만 하는 것도 하나의 방법이다. 그러나 개는 인간에게 종속된 존재다. 반려견이란 타이틀이 붙은 이상 종속될 수밖에 없는 숙명을 타고 났다. 그렇다고 개를 우리의 부속물로만 대할 순 없다. 다만 최소한의 자립심을 가지고 살아갈 수 있게 하기 위해서 거기에 맞는 훈련과 교육을 해야 하지 않을까?

개 훈련에 대해 생각을 할 때 나는 늘 사람을 생각하라고 말한다. 사람의 아이들에게 하는 대로 개에게 훈련을 한다고 생각해보자. 그렇다면 어떻게 해야 할지 답이 나온다. 무조건적인 칭찬이 과연 어떤 인간을 만들어낼까? 잘못된 행동에 대해서도 긍정을 표한다면 어떤 모습을 보일까?

여기서 더 안타까운 것이 이런 긍정 강화 훈련에 대한 인터넷과 SNS의 반응이다. 인터넷에는 또 다른 인격이 있다고 해야 할까? '좋아요' 버튼 하나에 일희일비하는 요즘 사람들에게 있어서 SNS 공간은 허세의 공간이라는 말들이 오가기도 한다. 남에게 보여주기 위해서, 남들의 인정에 목마른 이들이 '가상의 나'를 만들어서 활동한다는 느낌이 들 때도 있다. 이들 SNS의 이야기를 들어보면, 긍정 강화 훈련, 개에 대한 칭찬 일변도의 훈련에 대해서 긍정적인 반응 일색이다.

사람은 언제나 나쁜 것보다는 긍정적인 신호에 호의를 가질 수밖에 없다. 그러나 세상이 동화처럼 아름다울 수만은 없다. 나는 현실을 말하고 싶은 것뿐이다. 그렇다면 대안은 없는 것인가? 가장 확실한 대안은 역시나 사람의 교육에서 찾으면 된다.

사회화 시기 시절인 6개월 이전에 사회화 교육에 나서고, 이후 성견으로 성장하면 시기에 맞춰서 적당한 훈련을 하면 된다. 이 훈련의 기본 틀은 지속적인 동기부여와 함께 상과 벌이 적절히 혼재된 종합적인 훈련이다. 요컨대 중용(中庸)이다.

'가운데를 지키는 것.'

기계적 중용이다. 그러나 《중용(中庸)》이란 책의 핵심은 기계적 중용이 아니다.

군자지중용야 군자이시중(君子之中庸也 君子而時中)
군자의 중용이란, 군자답게 때에 들어맞음이며,

소인지중용야 소인이무기탄야(小人之中庸也 小人而無忌憚也)

소인의 중용이란, 소인답게 거리끼는 바가 없음이다.

군자답게 때에 들어맞음이라…. 기계적으로 중간을 지키는 것이 아니라 때에 맞게 내가 움직여야 할 곳을 찾아가 적절한 균형을 찾는 것이다. 어디 한군데 치우치거나 모자람 없이 적절히 상황에 따라 움직이는 것이다. 긍정이 중요하고, 칭찬이 시대의 흐름이란 건 맞다. 그러나 무조건적으로 하나만 옳다고 거기에 치우친다면, 균형은 무너진다. 만약 이것이 어떤 사물이나 제도에 대한 것이라면, 한번 무너지고 나서 다시 세우면 그만이지만 이건 교육과 훈련이 관계된 문제다. 살아 있는 생명을 무너뜨리고 없앨 수 있는 건 아니지 않는가? 무조건적으로 하나가 옳다는 것이 아니라 적절한 균형과 조화가 필요하다는 사실을 잊지 말았으면 좋겠다.

팻 로스,
상실에 관하여

"반려동물의 죽음에
남자들은 가까운 친구를 잃었을 때,
여자들은 자녀를 잃었을 때와
같은 고통을 느낀다."

우리가 할 수 있는 건
떠나보낸 뒤에
우리의 삶을 유지할 수 있는
방법을 찾는 것이다.
주변의 이해와 인정, 사랑이
사랑을 잃은 상처를 덮어주는 것이다.

사회경제 구조가 인간의 삶을 무섭도록 치밀하게 지배한다는 생각이 들 때가 있다. 개와 함께하는 삶을 살고 있지만, 개가 하나의 산업으로 자리 잡은 순간부터 애견 산업도 인간이 만든 사회경제 구조에 녹아들어갈 수밖에 없다.

애완동물의 죽음, 팻 로스(Pet Loss)의 이야기가 수면 위로 올라올 때 내가 처음 떠올린 것은 일본이었다. 1990년대 말 일본은 팻 로스가 사회적 문제가 됐다. 당시 일본은 버블이 꺼지기 전후로 사회구조가 뒤바뀌던 시기였다. 그 이전까지 핵가족화가 진행됐다면, 그때부터는 1인 가구가 폭증하게 된다. 덩달아 애견 산업도 확장되게 됐고, 1990년대 말이 되면 일본 내에 애견으로 길러지는 개의 숫자가 1,000만이 넘어서게 됐다. 문제의 핵심은 개와 인간의 수명에 오차가 있다는 것이다. 개의 경우는 영양의 안정적인 공급, 수의학의 발달로 수명이 늘었다곤 하지만 15년 내외로 그 수명을 예상할 수 있다. 반면 인간은 평균수명이 80세 전후를 넘어서기 시작했다. 산술적인 계산으로만 봐도 5배 이상의 차이가 난다. 개와 인간이 아무리 서로를 사랑한다 하더라도 물리적으로 함께할 시간은 정해져 있다는 소리다. 비반려인의 관점에는 이렇게 비춰질 것이다.

"개가 죽으면, 다시 한 마리 사서 키우면 되는 거 아냐?"

그러나 반려인들에게는 피눈물이 나는 이야기다. 그 엄청난 상실감은 개를 길러본 사람만이 알 수 있는 감정이다. 진정한 의미의 반려의 삶을 살았던 이들일수록 그 상실감은 더 커질 수밖에 없다. 1990년대 말 일본의 경우는 버블 전후로 완성됐고, 그 뒤로 가속화된 핵가족화 1인 가족화의 영향으로 입양하게 된 개들이 그 자연수명을 다해가는 시점이었다.

이 개들이 하나둘 세상을 떠나면서 본격적인 팻 로스 증후군(Pet-Loss syndrome)이 터져 나오기 시작했다. 당시 팻 로스 증후군에 걸린 사람들은 불면이나 과면, 설사, 구역질, 복통, 식욕

부진, 과식, 거식, 마비, 현기증, 우울증 등과 같은 증상들을 호소했는데, 특이한 건 이런 증상을 호소하는 이들의 90퍼센트가 여성들이었다는 점이다. 특히나 아이들을 다 키우고 집에 혼자 있는 4~50대 전업주부를 중심으로 이런 증상들을 호소했다. 왜 4~50대 주부들을 중심으로 이런 증상들이 발생한 걸까? 크게 두 가지 이유로 압축할 수 있다.

첫째, 여성들이 남성들에 비해 감수성이 더 예민하고, 대상에 대한 감정이입을 더 잘한다.

둘째, 사랑이다. 아이들이 자란 뒤의 전업주부들은 자신의 사랑을 쏟을 대상으로 개를 선택했는데, 그 사랑의 대상이 사라지면서 커다란 상실감을 느낀 것이다.

당시 일본에서는 반려견 선진국인 미국의 사례를 말하며, 팻로스 증후군을 극복할 수 있는 방법과 전문 상담인력 확충에 대한 논의가 활발했다. 미국의 사례가 나온 것은 미국을 포함해 유럽의 반려견 선진국들도 1980년대부터 팻 로스에 대한 문제의식을 가지게 됐고, 이를 기반으로 해 팻 로스에 대한 사회적인 지원 시스템을 갖춰나갔기 때문이다.

덕분에 미국은 대학병원과 종합병원에 팻 로스 전문 상담사가 상주하게 됐다. 동물보호협회나 수의사회에서는 팻 로스에 대한 팸플릿과 비디오를 배포하고, 일부에서는 전화상담까지 지원해주는 시스템을 갖추게 됐다. 반려견 문화의 완성이라고 해야 할까? 가족으로 생각했던 반려동물의 빈자리가 가져다주는 상실감까지 보듬어주는 이들의 세심한 배려가 그저 부러울 뿐이다.

그렇다면, 우리의 경우는 어떨까? 계산기가 필요한 시점이다. 반려견 문화가 제대로 정착되기 시작한 시간은 이제 겨우 20년 남짓이다. 양적으로 팽창한 시기를 생각해보면, 2002년 전후였으니, 개의 자연수명을 생각한다면 이제 사회적인 논의가 필요한 시점이 도래한 것이다. 한반도 역사상 이렇게 많은 개들이 사람과 지내다 '자연사'한 경우는 없었다. 3년 전 일이다. 16년을 키우던 개를 떠나보낸 여성을 만나게 됐다. 그녀의 첫마디는 이랬다.

"수의사한테 고마웠어요. 저한테 충분한 시간을 줬거든요. 한국이 참 많이 좋아졌다는 생각을 하게 됐어요."

16년을 키웠던 푸들이었다고 한다. 나이가 들수록 혹시나 하는 불안감이 들었는데, 어느 순간 잘 먹지 못하는 개를 보고 바로 동물병원으로 달려갔다고 한다. 결과는 암이었고, 이 여성은 좌절했다. 수술을 하는 것이 의미가 없다는 수의사의 말을 듣고는 개를 위해서 마지막으로 할 수 있는 모든 걸 해줬다고 한다. 평소 비싸서 잘 주지 않았던 간식도 줬고, 회사일 때문에 함께하지 못했던 게 미안해 끌어안고 공원도 자주 나갔다. 그렇게 얼마간의 시간이 흐르고, 개의 고통을 사람이 느낄 정도가 됐을 때 이 여성은 병원을 찾았다. 수의사는 조심스레 안락사를 말했다고 한다.

"더 이상 고통받는 건 개한테도, 보호자께도 좋지 않을 것같습니다."

그러고는 안락사를 하기 전까지 아낌없는 배려와 마음의 준비를 할 수 있는 시간을 줬다고 한다. 약 3시간 정도 함께할 시간을 가졌다. 그 시간 동안 같이했던 가족들과 지인들을 다 함께 모아 마지막 작별의 시간을 가졌다. 그렇게 자신의 반려견을 보낸 뒤 이 여성은 한동안 현실에 적응할 수가 없었다. 이때부터 얼마간 손만 대면 툭 하고 눈물이 쏟아졌고, 우울증에 시달렸다. 이런 상황을 극복하게 해준 건 그녀의 남자친구였다. 20년 넘게 사귀어온 남자 친구가 옆에서 이 여성을 챙겨줬다.

"만약 네가 개를 완전히 떠나보낼 수 있게 됐을 때, 다음 개는 내가 직접 골라서 네게 선물할게."

지금 이 여성은 강화도로 내려가 남자 친구가 선물한 강아지와 함께 건강한 삶을 살아가고 있다. 이 경우는 정말 운이 좋은 케이스다. 반려견에 대한 이해가 깊은 이들이 주변에 있었고, 그들이 그녀의 마음을 보듬어주고 다독거려준 것이다. 사랑이 떠난 자리를 메워주는 건 사랑일 수 있다.

그러나 이런 행운을 모든 반려인들이 다 누리는 건 아니다. 몇 년 전 14년간 기르던 개가 병사하자 자살을 한 20대 여성이 언론지상에 소개된 적이 있다. 이 여성은 화장실 욕조에 들어가 죽은 반려견을 끌어안은 채 착화탄을 피워놓고 자살을 선택했다. 그녀가 남긴 건 유서 한 장 뿐이었다.

"반려견과 함께 화장해달라."

그녀의 마지막 말이었다. 문제는 이런 극단적인 선택이 이 여성만으로 끝날 사안이 아니란 점이다. 반려견 납골당을 가보면, 자살을 암시하는 글들이 나오고, 인터넷의 반려견 카페에는 팻로스의 충격을 벗어나지 못하고, 극단적인 선택을 입에 올리는 경우를 간혹 가다 목격하곤 한다.

이런 반려인들의 행동에 대해 비반려인들은 이해를 하지 못하는 경우가 대부분이다. 반려인들이 개를 가족으로 바라보지만, 비반려인들에게 개는 개일 뿐이기 때문이다. 나 역시도 키우는 개가 죽는 아픔을 몇 번이나 겪었다. 초등학교 시절부터 지금까지 개와 함께한 인생이다. 그 사이 내 품을 떠나간 개가 얼마나 될까? 어쩌면 개와 나의 시간들은 끊임없는 '상실의 기록'일지도 모른다. 어린 시절 쥐약을 먹고 사라진 검둥이와 그 새끼들부터 시작해서 군대 가기 전 키웠던 아키타, 그리고 내 손을 거쳐 간 수많은 훈련개들. 나와 함께한 개들 중 지금 살아 있는 개보다 떠나보낸 개가 더 많다.

혹자는 상처에 딱쟁이가 앉았다 말하기도 하고, 다른 이는 수

많은 이별을 겪어 마음이 무뎌졌을 것이라고도 한다. 자신 있게 말할 수 있지만, 함께한 이들을 많이 떠나보냈다고 해서 그 상실감이 익숙해지거나 감정의 무게가 가벼워지는 건 아니다. 떠나보낼 때의 상실감은 언제나 낯설고, 두렵다. 그럼에도 내가 이 자리에 서 있을 수 있는 건, 스스로에게 후회를 남기지 않으려 애썼기 때문이다.

훈련사 생활이 어느 정도 이력이 붙을 때였다. 훈련개들을 상대하다 보니 어느 순간부터 내 개를 기르고 싶다는 생각이 들었다. 그때부터 얼마 안 되는 훈련사 월급을 탈탈 털어 개를 사기 시작했다. 훈련성이 좋은 개, 예쁜 개, 체고가 큰 개, 혈통이 좋은 개…. 욕심은 많고, 돈은 부족했다. 그래도 행복했다. 한 마리, 두 마리 늘어나는 개들을 보면 밥을 안 먹어도 배가 불렀다. 누가 보면 개 농장을 하는 줄 알았을 것이다. 그러나 사람 일이란 게 늘 좋은 일만 있는 건 아니었다. 훈련사였기에 개에 대한 지식이 일반인보다는 많다고 할 수 있지만, 많이 아는 것과 많이 경험해보는 것과는 다른 차원의 일이었다.

어린 시절의 기억이 있었기에 개를 떠나보낸다 하더라도 낯설지 않을 줄 알았다. 그러나 낯설었다. 그제야 알게 됐다. 상실감의 크기는 언제나 똑같다는 걸. 아마 그 시절이었을 것이다. 스스로에게 주문을 걸기 시작했다.

"후회하지 말자. 아쉬움을 남기지 말자. 함께 있는 시간을 낭비하지 말자."

살아 있는 모든 유기체는 죽는다. 생로병사는 자연의 섭리다. 살아 있는 생명이라면 받아들여야 할 숙명이다. 개도, 사람도 결국은 죽는다. 다만 아쉬운 건 둘의 수명에 차이가 있고, 거의 대부분 남아있는 건 사람일 확률이 높다는 것이다. 그렇다면, 내가 할 수 있는 게 뭘까? 언제부터인가 난 개가 10살이 넘어갈 때쯤 되면, 마음 한 구석에 스톱워치를 슬며시 누른다.

"이제 너도 환갑이 넘었구나. 그래, 이제 몸 관리에 신경 쓰며 살아야 해. 알았지?"

"이제 칠순이네? 하는 일 없이 나이만 먹네. 슬슬 여기저기 고장 날 때 안 됐어? 몸 함부로 굴리지 마."

농담 삼아 던지는 말이지만, 이건 내게 주문을 거는 것이다.

개의 나이를 인간의 나이로 환산해서 '나이가 들었다. 떠나보낼 때가 가까워지고 있다.'라고 스스로를 확인하는 것이다. 이렇게 천천히 마음의 준비를 시작하는 것이다.

"함께할 시간이 줄어들고 있다는 생각을 하면 지금 있는 시간에 충실하려 애쓰게 된다. 이건 인생에서도 마찬가지다."

함께할 시간이 줄어들고 있다는 생각을 하면 지금 있는 시간에 충실하려 애쓰게 된다. 이건 인생에서도 마찬가지다. 오늘 하루가 내 인생의 마지막 순간이라고 생각한다면, 허투루 시간을 쓸 수 있을까? 난 지금도 개 나이가 10살이 되면, 개가 살아 있는 동안 나와 둘만이 쌓을 수 있는 추억들이 어떤 게 있을까를 고민한다. 그렇게 천천히 개의 시간에 내 시간을 맞춰나간다. 이건 내가 '남자'이기에 가능한 일인지도 모른다.

프랑스의 심리학자인 세르주 치코티(Serge Ciccotti)와 사회인지심리학 교수인 니콜라 게갱(Nicolas Gueguen)이 같이 쓴 《인간과 개, 고양이의 관계심리학》을 보면 이런 구절이 나온다.

"반려동물의 죽음에 남자들은 가까운 친구를 잃었을 때, 여자들은 자녀를 잃었을 때와 같은 고통을 느낀다."

남자의 상실감보다 여자의 상실감이 훨씬 더 크다는 걸 인정한 셈이다. 일본에서 펫 로스 증후군을 경험한 사람의 90퍼센트가 여성인 것의 이유를 확인할 수 있는 대목이다. 그러나 개인이 이를 극복할 수 있는 방법은 한 가지다.

"개와 나의 시간은 다르게 흐른다."

10

개를 키우는 사람이라면 늘 염두에 둬야 하는 말이다. 그리고 이 다르게 흐르는 시간 속에서 최대한 많은 추억을 남겨야 한다. 생명의 섭리를 사람이 거스를 수는 없다. 우리가 생명을 관장할 수 없기에 개를 떠나보낸다는 전제하에서 우리의 삶을 꾸려나갈 수밖에 없다. 우리가 할 수 있는 건 떠나보낸 뒤에 우리의 삶을 유지할 수 있는 방법을 찾는 것이다.

이때 가장 중요한 것이 사회적 합의다. 우리 사회에서 '개'는 아직까지 '말 못하는 짐승'일 뿐이다. 이 말 못하는 짐승 때문에 자살을 고민할 정도의 우울감에 빠져든다는 것을 많은 이들은 이해하지 못한다. 주변의 이런 차가운 반응은 팻 로스 신드롬에 빠져 있는 반려인들에게 더 많은 고립감과 상실감을 전해주고, 상황을 더 악화시킬 뿐이다.

"수많은 개들 떠나보냈다고 해서 그 상실감이 익숙해지거나 감정의 무게가 가벼워지는 건 아니다. 떠나보낼 때의 상실감은 언제나 낯설고, 두렵다."

결국은 사회적인 인식의 변화다. 반려인 1,000만의 시대. 400만의 개들이 이 땅에 살고 있는 지금 우리는 10여 년 전 일본이 겪었던, 30여 년 전 그 해결책을 찾았던 미국의 길을 따라가야 한다. 그 시작은 누군가에게 개는 자신의 가장 친한 친구이자 자식으로 받아들여진다는 걸 인정하고, 이해하는 것이다. 결국 사랑의 상처를 극복할 수 있는 건 또 다른 사랑이다. 주변의 이해와 인정, 사랑이 사랑을 잃은 상처를 덮어주는 것이다. 그렇게 상처가 아물면 또 다른 사랑을 시작할 수 있는 용기가 생길 것이다.

이별이
있기에
진실할 수 있다

에필로그

인간에게 개는 축복이었다.
척박한 대지에서 만난
인간 이외의 최초의 친구이자
동지였고, '반려견'이었다.

그리고 지금 다시 우리는
개를 찾고 있다.
딱딱한 콘크리트 정글 속에서
'살아남기' 위해
개를 찾는다.

“여기에 허영심에 들뜨지 않은 아름다움을, 오만함이 없는 힘을, 흉포함을 포함하지 않는 용기를, 그리고 아무런 나쁜 습관도 없는 인간의 모든 미덕을 소유한 자가 잠들어 있노라.”

_바이런이 자신의 개의 무덤에 세운 묘비명 중에서

인류의 역사를 250만 년이라고 말한다. 아프리카 초원의 나무 위에서 살던 유인원이 지상으로 내려온 뒤 인간은 만물의 영장이자, 먹이 피라미드의 최정상에 오르게 됐다. 인간은 지구의 지배자가 됐다. 재미난 것은 전 지구를 쥐락펴락 하고 지구를 멸망시킬 수 있는 힘을 손에 쥔 지상 최강의 동물임에도, 인간이 길들인 동물은 고작 10여 종이 안 된다는 것이다.

지구상에는 약 4,000여 종의 포유류가 서식하고 있는데 그중 10여종이라니, 이것도 최근 1만 년 동안에 있었던 일이다. 인간은 지구상의 패자가 된 이후로 끊임없이 동물을 가축화시키려 노력했다. 고대 이집트인들은 하이에나나 가젤을 길들여 사육했었지만, 지금 이들은 모두 야생으로 되돌아갔다. 오세아니아의 원주민들은 캥거루를 애완동물로 키웠지만, 이 역시도 몇 세대를 가지 못했다. 북아메리카 인디언들은 미국 너구리를 애완동물로 키웠지만, 역시 몇 세대를 넘기지 못하고 모두 야생으로 되돌아갔다.

어쩌면 지난 1만 년의 인류 역사는 동물과의 사투일지도 모른다. 사냥을 할 수 있음에도 불구하고 끊임없이 동물을 길들이려는 인간의 노력을 동물들은 비웃었다. 결국 인간 세계로 넘어온 동물들은 개, 고양이, 양, 산양, 소, 돼지, 말, 당나귀, 낙타 정도였다. 여러 동물학자들의 연구에 따르면 이들에게는 인간에게 길들여질 만한 공통된 특질이 몇 가지 있다고 한다.

첫째, 다재다능하다.
둘째, 어디에나 있는 일반적인 작물을 먹는다.

셋째, 호기심이 강하며, 영역에 대한 의식이 희박하다.
넷째, 공격적이지 않고, 의존적인 성격을 가지고 있다.

우리 옆에 있는 '개'의 모습에 딱 들어맞는다. 이런 특질들 때문인지 모르겠지만, 개는 인간이 길들인 최초의 동물이 됐다.

1만 5,000년 전 개는 우리 품으로 들어왔다. 아니, 최초의 만남은 전략적 동맹관계에서 시작했다. 아직 수렵 채취 시절의 인간들에게 개는 '애완견'이 아니라 '반려견'이었다. 인간이 머무는 숙영지 주변에는 언제나 쥐가 들끓었다. 인간이 사냥한 식량을 먹어치웠고, 인간의 쓰레기들을 파먹으며 전염병을 퍼뜨렸다. 이 쥐를 사냥했던 게 개였다. 뒤이어 이들은 인간의 숙영지를 지키는 번견으로서의 활약을 보여줬다. 아무리 불이 있었다지만, 그 시절 수많은 야생동물들은 인류를 위협했다. 이를 막아 서준 게 개였다. 그러고는 인간의 사냥에 동참하게 된다.

인간에게 개는 축복이었다. 척박한 대지에서 만난 인간 이외의 최초의 친구이자 동지였다. 이들이 있었기에 인간은 수월하게 야생의 난관을 넘어섰고, 문명화 이전의 고난을 넘어설 수 있었다. 그 시절의 '개'는 진정한 의미의 동지였고, '반려견'이었다.

1만 년이 지난 지금 우리는 여전히 개를 친구이자 동지로 바라본다. 그렇지 않은 사람들도 있지만, 그들도 1만 년 전 개들로부터 입은 은혜의 수혜자들이란 사실은 변하지 않는다. 그들의 조상 중 일부는 개의 활약 덕택에 자신의 유전자를 후대에 남길 수 있었을 테니 말이다.

그리고 지금 다시 우리는 개를 찾고 있다. 우리의 조상들이 막막한 야생의 삶 속에서 생존을 위해 개를 찾았다면, 지금의 우리는 딱딱한 콘크리트 정글 속에서 '살아남기' 위해 개를 찾는다. 비슷한 듯 비슷하지 않은 상황. 생존을 위한 방편이란 건 같지만, 우리가 개를 찾는 진짜 의미는 '온기'일 수 있다.

물리적인 생존의 위협 대신 우리는 인간으로서 살아가기 위해 가장 중요한 '사랑'을 위협당하고 있다. 분절된 삶, 단락된 사회구조, 사회경제적인 압력 속에서 우리는 우리 조상들이 그렇듯이 다시 '개'를 찾고 있다. 절박한 순간 결국 우리가 찾는 것은 개밖에 없는 것일까? 그러나 우리 조상과 우리는 커다란 차이가 있다. 똑같은 절박감이지만, 우리 조상들은 개를 친구로 받아들였지만, 지금의 우리 중 대다수는 개를 '소비'하고 있다.

지금 우리사회가 겪고 있는 수많은 문제의 핵심에는 바로 이 '소비'의 문제가 걸려 있다. 개가 생명이 있는 존재라는 생각 대신에, 돈을 주고 살 수 있는 '귀여움' 혹은 '애정 대체재'라는 생각이 수많은 문제를 양산해내고 있다. 개를 살 수 있지만, 개의 생명을 산 게 아니란 사실을 알았으면 좋겠다. 그 생명의 무게를 이해한다면, 우리가 바라보는 개의 이미지는 달라질 것이다. 함께할 수 있는 친구이자 동반자. 그게 우리가 말하는 반려견의 진정한 의미가 아닐까?

그런 의미에서 앞으로 개를 키우려는, 혹은 개를 사랑하는 사람들에게 한마디 충고를 던져본다.

"개와 사귀어보세요."

우리는 개를 사랑하지만, 그 형태는 '소비'의 모습으로 접근하는 경우가 많다. 설령 사랑을 한다 하지만, 사랑보다 현실을 생각할 수 있다. 아니, 그게 대부분의 사람 사는 모습이다. 부정할 필요도, 부끄러워 할 필요도 없다.

문제는 인간과 인간의 사랑에는 다음이 있지만, 개와 사람의 사이에는 다음이 없다는 것이다. 헤어진 연인들, 헤어진 부부들에게는 각자의 삶이 있고, 그 삶을 꾸려나갈 능력이 있다. 그러나 개와 사람 사이에서 개는 생활의 전반을 인간에게 의존하는 관계다. 이런 상황에서 사랑이 깨진다면, 뒤에 남은 개에게는 삶 자체가 사라질 수도 있다. 반려견이란 말을 하기 이전에 사귀어보라는 말을 하는 이유가 여기에 있다. 가장 이상적인 사람과 개의 관계는 친구로 시작해서, 연인이 되고, 결혼을 해 부부가 되는 관계라고 본다. 이해를 돕자면, 개를 키우고 싶다면, 우선 자신을 잘 파악하고 개와 접촉하는 기회를 많이 가져보라는 것이다.

"처음엔 친구로 시작해."

친구로서 개를 차차 알아가보자. 이렇게 서로를 알아가 보다가 어느 순간 확신이 든다면, 연인이 되는 것이다. 그리고 결혼을 하면 된다.

정말 개를 키우고 싶어 하던 여학생이 있었다. 어머니가 심각한 개 알레르기가 있어서 중고등학교 때에는 개를 키울 수가 없었다. 그러다가 서울에 있는 대학에 입학한 뒤에는 자기 자취방을 가지게 됐다. 이 여학생은 개를 분양받기 위해 여기저기 알아보기 시작했다. 경제적인 부분도 고려해야 했고, 자신이 이제까지 키워왔던 '취향'도 고민해야 했다. 그러나 가장 큰 고민은 그녀가 단 한 번도 개를 키워보지 못했다는 점이다.

이때 그녀의 눈에 들어온 것은 인천의 한 유기견 보호소의 자원봉사자 모집이었다. 동물보호단체에서 자원 봉사자를 모집하는 것에 참여를 한 것이다. 그녀가 처음 본 유기견 보호소에 대한 인상은 충격적이었다.

"장난감 하나를 두고 서로 으르렁거리는 걸 보면서 놀랐어요."

난생처음 개와 함께 오랜 시간을 보내게 됐다. 그런 그녀를 두고 주변의 다른 회원들은 이렇게 말했다.

"한 마리 분양받으세요. 유기견 분양에 돈이 들지 않아요. 사료나 용품 같은 건 저희가 지원해드릴 수도 있는데…."

고민이 계속 이어졌지만, 그녀는 섣불리 분양을 받는 대신에 계속해 자원봉사를 했고, 그 얼마 뒤 결론을 내렸다.

"당분간 개를 키우지 않겠다."

자신의 처지를 점검해보니, 개를 키울 수 있는 환경이 아니란 것을 알게 되었다. 자취방의 주변 주민들도 고려해봐야 했고, 학생인 자신의 신분도 생각해야 했다. 경제적인 부분도 무시 못 할 부분이었다. 현실과의 타협이라고 봐야 할까? 아니, 그 여학생의 선택이 옳았다. 섣불리 개를 입양했다가 자신도 유기견 생산자가 된다는 걸 깨달은 것이다.

먼발치에서 친구를 동경하다가, 진지하게 몇 번의 만남을 가져봤고, 결혼(?) 바로 직전에 현실을 검토해본 것이다. 몇 년 뒤 그녀는 자기 개를 기르게 됐다. 현실을 감당할 정도의 여력이 생긴 후 다시 자신의 사랑을 뒤돌아본 것이다.

만약 그녀가 대학 시절 개를 키웠다면 어쨌을까? 모르긴 몰라도 꽤 많이 힘들었을 것이다. 학생이라는 신분적 제약, 거주 공간의 한계, 경제적인 문제 등등이 그녀를 괴롭혔을 것이다. 만약 다른 학생이라면 키우다가 힘들면 본가로 내려 보내는 방법도 생각해봤을 수 있었겠지만, 이 경우 어머니가 개 알레르기라는 걸 고려한다면 이 방법도 여의치 않았을 것이다.

냉정하다고 말할 수도 있겠지만, 이 여학생은 자신을 위해서, 또 개를 위해서도 옳은 결정을 내린 것이다. 너무도 다행스러운 게(?) 우리 주변에는 이렇게 개를 접할 수 있는 방법이 많다. 유기견 보호소도 있겠지만, 훈련소도 많다. 인터넷을 들어가보면 개와 만날 수 있는 방법이 너무도 많다. 자원봉사자를 찾는 곳도 많다.

"우선 친구로 시작하세요."

그렇게 서로를 알아가보자. 개를 생명으로 바라본다면, 우리 조금만 천천히 관계의 속도를 조절해보자. 은은한 온돌방의 열기가 더 오래간다는 사실을 잊지 말자.

이런 작은 변화들이 모이고 모인다면, 우리나라에서 개를 키우는 게 더 수월해질 것이다. 결국 그 시작은 반려인들의 인식 변화에서부터다. 이미 양적인 성장은 이뤄진 상태다. 이제 우리가 만든 그릇에 내용물을 담아 넣을 때다. 반려견이라고 말하기 이전에 내가 내 개를 반려라고 말할 정도의 사람인지에 대한 고민을 먼저 해보자. 그럼 인간의 모든 미덕을 갖춘 최고의 친구를 만날 수 있을 것이다.

이웅종

이삭애견훈련소 대표
연암대학교 동물보호계열 교수

SBS 'TV 동물농장'의 '국민 반려견 아빠'이자, 명실상부 '대한민국 1호 반려견 심리전문가'이다. '강아지 대통령', '반려동물의 대변인', '동물농장 아저씨' 등 그에 대한 여러 별칭이 따라붙지만, KBS '해피선데이 1박2일'에 출연하며 국민견 '상근이' 아빠로 유명세를 탔다.
어린 시절 시골에서 많은 동물을 접할 수 있었던 그는 목장 운영을 꿈꾸며 축산과에 진학했다. 그러다 고2 시절 순종견 '아키타'를 만나면서 어렴풋하게나마 개 키우는 일을 하고 싶다는 꿈을 품었다. 그가 반려견 조련사가 되고자 한 결정적 계기는 해병대 입대 후부터다. 섬에서 군견을 훈련시키는 모습을 보고 매료됐기 때문이다.
이후 그는 아주대학교 의과대학원 정신의학과 석사과정, 일본 이다치 경찰견훈련소 IPO 심사위원 과정, 미국 니키매슈 슈츠훈트클럽 훈련 과정, 일본 센타이 경찰견 훈련소 가정견 어질리티 교육 과정을 수료했으며, SBS 'TV동물농장', MBC '아이러브펫', '犬국민 토크쇼 왈왈왈' 등 다양한 반려견 관련 방송에 고정 출연하며 반려인들에게 절대적인 지지를 받았다.
현재는 이삭애견훈련소 대표로 재직하며, 반려인에게는 반려견을 올바르게 돌볼 수 있는 방법을, 반려동물에게는 사람과 소통을 통해 바른 행동을 할 수 있도록 교정해주는 활동을 이어가고 있다. 이밖에도 반려견 행동교육, 심리상담, 동물매개치료 등 다양한 프로그램을 운영하고 있으며, 2015년에는 이러한 공로를 인정받아 반려동물교육 부문 최초로 '대한민국 명인'에 추대되기도 했다.

개는 개고 사람은 사람이다

2021년 10월 15일 1쇄 | 2021년 11월 11일 7쇄 발행

지은이 이웅종
펴낸이 김상현, 최세현 **경영고문** 박시형

책임편집 조아라
마케팅 양근모, 권금숙, 양봉호, 임지윤, 이주형, 신하은, 유미정
디지털콘텐츠 김명래 **경영지원** 김현우, 문경국
해외기획 우정민, 배혜림
펴낸곳 (주)쌤앤파커스 **출판신고** 2006년 9월 25일 제406-2006-000210호
주소 서울시 마포구 월드컵북로 396 누리꿈스퀘어 비즈니스타워 18층
전화 02-6712-9800 **팩스** 02-6712-9810 **이메일** info@smpk.kr

ISBN 978-89-6570-494-2 (03490)

• 이 책의 국립중앙도서관 출판시도서목록은 서지정보유통지원시스템 홈페이지(http://seoji.nl.go.kr)와 국가자료공동목록시스템(http://www.nl.go.kr/kolisnet)에서 이용하실 수 있습니다. (CIP제어번호:CIP 2017016699)
• 잘못된 책은 구입하신 서점에서 바꿔드립니다.
• 책값은 뒤표지에 있습니다.

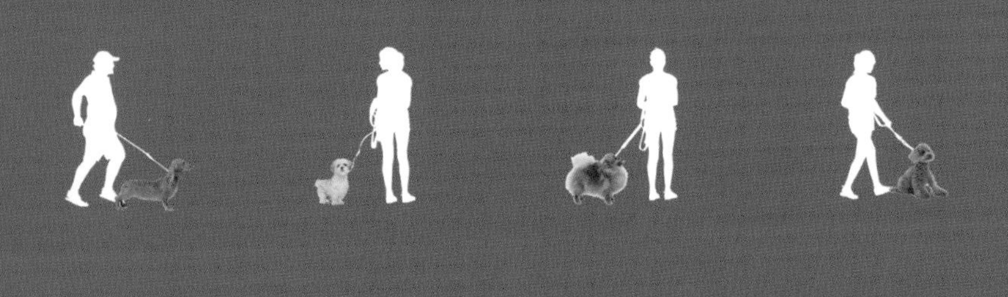